Josef Klug | Rainer Zech | Patrick Sturm | Bernd Franta

Graphische Gestaltung Buch und Einband:
Josef Klug

Recherchearbeiten:
Josef Klug, Patrick Sturm, Rainer Zech, Bernd Franta

Bilder:
Patrick Sturm, Rainer Zech, Josef Klug, Bernd Franta
Archiv der Feuerwehr Fürth, Archiv der Feuerwehr Erlangen, Stadtarchiv Erlangen
Private Sammlungen



Hinweis: Leider sind einige historische Aufnahmen von mangelnder Qualität. Das ist weder im Druck noch in der Bearbeitung begründet, sondern liegt ausschließlich an den zur Verfügung stehenden Vorlagen. Gleichwohl sind das Autorenteam und der Verlag der Auffassung, dass diese Bilder wegen ihrer Einzigartigkeit und zur Vervollständigung der Dokumentation Verwendung finden sollen.


Verlag Podszun-Motorbücher GmbH
Elisabethstraße 23-25, D-59929 Brilon
Herstellung: LUC Medienhaus, Greven
Internet: www.podszun-verlag.de, Email: info@podszun-verlag.de
ISBN 978-3-7516-1106-0

Josef Klug | Rainer Zech | Patrick Sturm | Bernd Franta

# FEUERWEHR FÜRTH

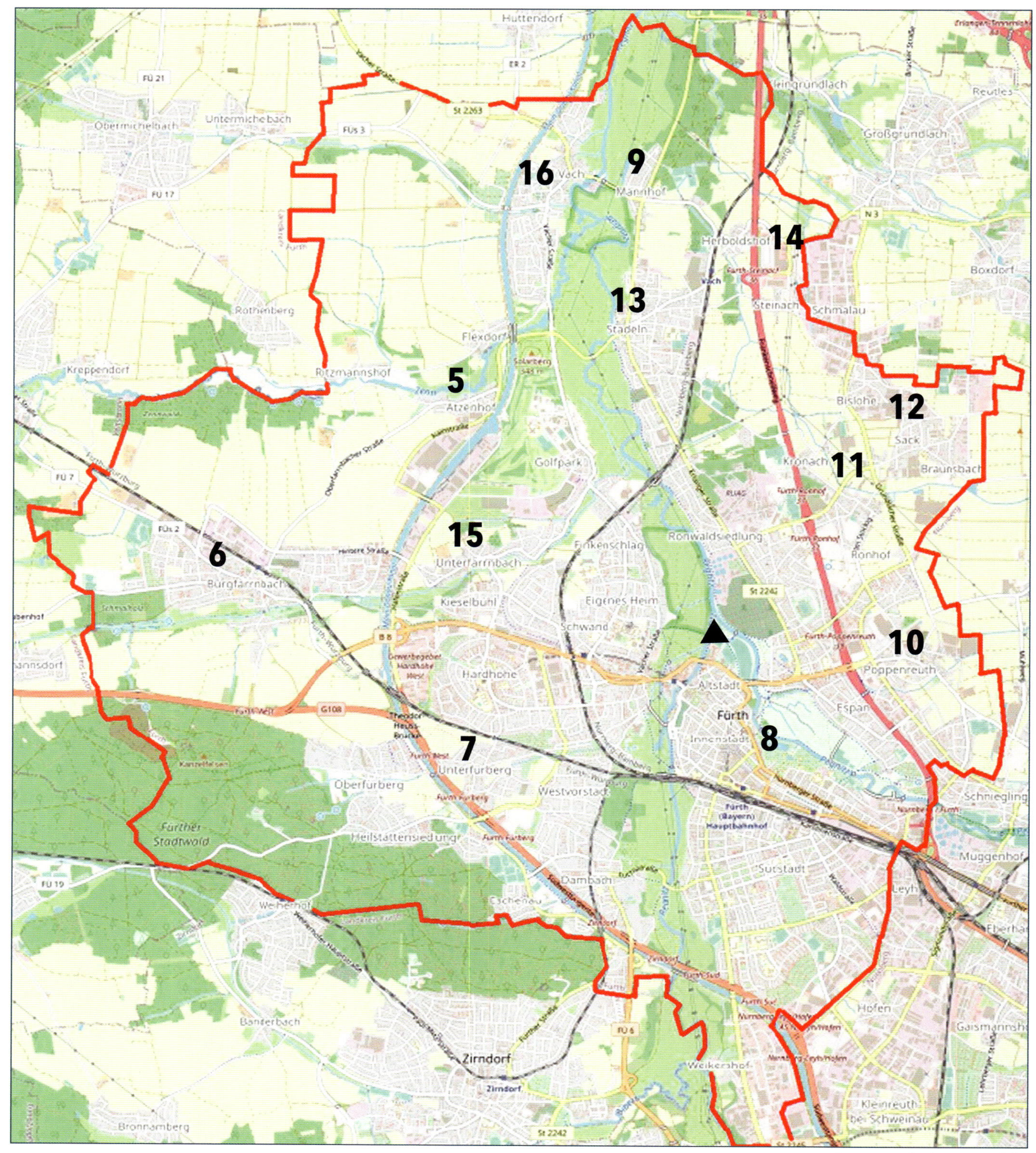


Openstreetmap bearbeitet von Josef Klug

▲ Berufsfeuerwehr Fürth, Freiwillige Feuerwehr: **5** Atzenhof, **6** Burgfarrnbach, **7** Fürberg, **8** Fürth Stadt, **9** Mannhof, **10** Poppenreuth, **11** Ronhof-Kronach, **12** Sack, **13** Stadeln, **14** Steinach-Herboldshof, **15** Unterfarrnbach, **16** Vach

# Grußwort

*Liebe Freunde historischer und moderner Feuerwehrfahrzeuge,*

der Wandel in der Technik geht stetig voran, gerade das letzte Jahrzehnt war geprägt von zunehmender Digitalisierung. Dies trifft auch insbesondere auf den Feuerwehrbereich zu. Dieses Buch ist eine Huldigung an die Vergangenheit und die Zukunft der Feuerwehr. Es erzählt mit den gezeigten Fahrzeugen indirekt die Geschichte von Mut, Entschlossenheit und Innovation, die unsere Feuerwehren über Jahrzehnte hinweg ausgezeichnet haben. Jedes einzelne Fahrzeug hat eine wichtige Rolle in der Sicherheit unserer Gesellschaft gespielt beziehungsweise tut es heute noch. Umso mehr freut es mich, dass auch die Fürther Feuerwehrfahrzeug-Historie nicht verloren geht und in diesem Buch vorgestellt wird. Begleiten Sie als Leser die faszinierende Reise von stolzen Oldtimern bis zu hochmodernen Feuerwehrfahrzeugen. Ich wünsche viel Freude beim Lesen und Anschauen der Bilder!

Branddirektor Christian Gußner
(Leiter der Berufsfeuerwehr Fürth)

# Inhalt

Gegründet: 10. April 1894
Kösbachweg 11
Funkrufname: Florian Fürth 5 /

Gegründet: 30. August 1864
Regelsbacher Straße 78
Funkrufname: Florian Fürth 6 /

Gegründet: 18. Oktober 1898
Oberfürberger Straße 11
Funkrufname: Florian Fürth 7 /

Gegründet: 21. Mai 1862
Mühlstraße 12
Funkrufname: Florian Fürth 8 /

Gegründet: 22. Oktober 1899
Mannhofer Straße 28
Funkrufname: Florian Fürth 9 /

Gegründet: 1. Dezember 1878
Poppenreuther Straße 142
Funkrufname: Florian Fürth 10 /

Gegründet: 19. Dezember 1894
Ronhofer Hauptstraße 255
Funkrufname: Florian Fürth 11 /

Gegründet: 28. Oktober 1895
Sacker Hauptstraße 40
Funkrufname: Florian Fürth 12 /

Gegründet: 4. Mai 1873
Stadelner Hauptstraße 96
Funkrufname: Florian Fürth 13 /

Gegründet: 1951
Steinacher Straße 11
Funkrufname: Florian Fürth 14 /

Gegründet: 15. Mai 1869
Ligusterweg 3
Funkrufname: Florian Fürth 15 /

Gegründet: 15. Juni 1885
Rotdornstraße 3
Funkrufname: Florian Fürth 16 /

## Berufsfeuerwehr Fürth Hauptfeuerwache

Standort:
bis 2023 Helmplatz 2 (oben)
heute Kapellenstraße 33 (unten)
Funkrufname: Florian Fürth 1 /
Gegründet: 1954

Auf Anordnung der amerikanischen Militärbehörde musste nach dem Zweiten Weltkrieg eine hauptamtliche Feuerwehreinheit „Stadtfeuerwehr Fürth" aufgestellt werden. Als Quartier diente ihr die 1908 errichtete Feuerwache der Freiwilligen Feuerwehr. In dem Gebäude befanden sich zu dieser Zeit unter anderem die Dienstwohnungen für den Rektor der Helmschule, den Bürgermeister und den Brandmeister.

Mit einem Stadtratsbeschluss im Jahr 1954 wurde die „Stadtfeuerwehr Fürth" in die Berufsfeuerwehr und die Freiwillige Feuerwehr Fürth-Stadt aufgespaltet. Die freiwerdenden Wohnungen wurden zu Sozial-, Büro- und Unterrichtsräumen umgenutzt. In der Brandmeisterwohnung wurden die Büros des Katastrophenschutzes untergebracht.

Konnte die Wache in den Anfangsjahren noch ihre Aufgabe erfüllen, wurde schon Ende der 1980er Jahre klar, dass sie nicht mehr den Ansprüchen gerecht wurde. Die Fahrzeughalle platzte aus allen Nähten, sodass Fahrzeuge in einem Zelt im Innenhof eingestellt werden mussten. Die Situation änderte sich auch nicht, als die Freiwillige Feuerwehr Fürth-Stadt 1994 ihre neue Wache bezog. Erst mit dem Neubau hat sich die Situation für die Mitarbeiter verbessert.

## Freiwillige Feuerwehr Fürth

Der erste vom Fürther Magistrat genehmigter „Feuer-Lösch-Verein" gründete sich im Jahr 1847, über dessen Wirken liegen keine Aufzeichnungen vor.

Zwölf Jahre später gründete der Lehrer Birkner eine Feuerwehreinheit nach französischem Vorbild und nannte diese „Pompiers".

1862 gründet der Turnverein eine weitere Feuerwehreinheit, sodass zu dieser Zeit zwei Einheiten nebeneinander bestanden. Streitigkeiten zwischen den beiden Einheiten führten 1865 dazu, dass sich die erste Freiwillige Feuerwehr auflöste.

Ab diesem Zeitpunkt sorgte die Turnerfeuerwehr bis 1878 für den Brandschutz, dabei wurde sie von der Engelhardt'schen Werkfeuerwehr unterstütz. Auch zwischen diesen Einheiten konnte keine Einheit gefunden werden, sodass der Magistrat 1878 bestimmte, dass nur noch die Turnerfeuerwehr mit den städtischen Gerätschaften arbeiten durfte.

1882 trennte sich die Turnfeuerwehr vom Turnverein und vereinigte sich 1883 mit allen im Feuerlöschwesen tätigen Helfern zur „Feuerwehr Fürth".

Gruß v. IX. Bayerischen
Feuerwehr-Tag Fürth.
Offizielle Fest-Postkarte
19.-21. Aug. 1900.
GOTT ZUR EHR DEM NÄCHSTEN ZUR WEHR!

Fürth
Feuerwehrzentrale

Die alte Feuerwache am Helmplatz (bis 2023)

Umzug in die neue Feuerwache (2023)

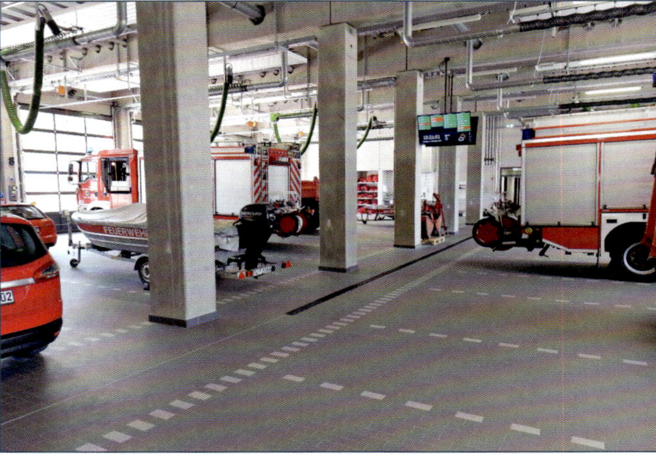

Die neue Feuerwache in der Kapellenstraße

Fahrzeugpark der BF Fürth (Anfang 1970er Jahre)

Freiwillige Feuerwehr Fürth (Mitte der 1980er Jahre)

## Fahrzeuge 1933–1945

Im Zweiten Weltkrieg stießen die Einheiten der Feuerwehr Fürth oft an ihre Grenzen. Wenn Fürth von einem Flächenbombardement der Altstadt weitgehend verschont blieb, wurden auf die Stadt dennoch mehrere Luftangriffe geflogen. Ziele waren vor allem die militärischen Anlagen in der Südstadt (3 Kasernen), die Eisenbahnlinien (Nürnberg/Fürth Würzburg und Bamberg) und vor allem die beiden Flugzeugwerften in Atzenhof und auf der Hardhöhe.

Nachdem das Hauptaugenmerk der Royal Air Force und der US Air Force vorwiegend der Nachbarschaft Nürnberg galten, verlagerten sie die Einsätze der Fürther Einheiten oft auf das Stadtgebiet Nürnberg. Wie die gesamten Feuerwehreinheiten von Nürnberg und der 15-km-Zone mussten sie miterleben, wie am 2. Januar 1945 über 90 Prozent der Nürnberger Altstadt in Schutt und Asche gelegt wurden.

Im zivilen Einsatz unterstanden die Einheiten der Freiwilligen Feuerwehr dem Leiter der Feuerwehr Fürth. Ab Luftgefahr 30 ging die Befehlsgewalt als Einheit des Sicherheits- und Hilfsdienstes auf die örtlichen Luftschutzleitung Nürnberg/Fürth über.

Der Befehlsstand der örtlichen Luftschutzleitung befand sich im Palmenhofbunker, in der Nähe des Nürnberger Polizeipräsidiums.

In der Befehlsstruktur wurde sie als IV. FE-Abteilung (Luftschutz-Abschnitt West) geführt und unterteilte sich in die 7. und 8. FE-Bereitschaft.

Zur Wahrung ihrer Aufgaben wurden der Einheit die unterschiedlichsten Fahrzeuge zur Verfügung gestellt. Ein Teil der Fahrzeuge beschaffte das Reichsluftschutzministerium, es wurden jedoch auch zivile Fahrzeuge requiriert.

Die Fahrzeuge können nicht vollständig dargestellt werden, da die Aufstellungen lückenhaft sind und es während des Krieges immer wieder zu Veränderungen kam.

Freiwillige Feuerwehr Fürth bei einer Vorführung am Pfister Schulhaus (1934)

Kraftfahrspritze (Baujahr 1921)

Löschzug 1934

Grundausbildungslehrgang
etwa 1938

KzS (Kraftzugspritze)

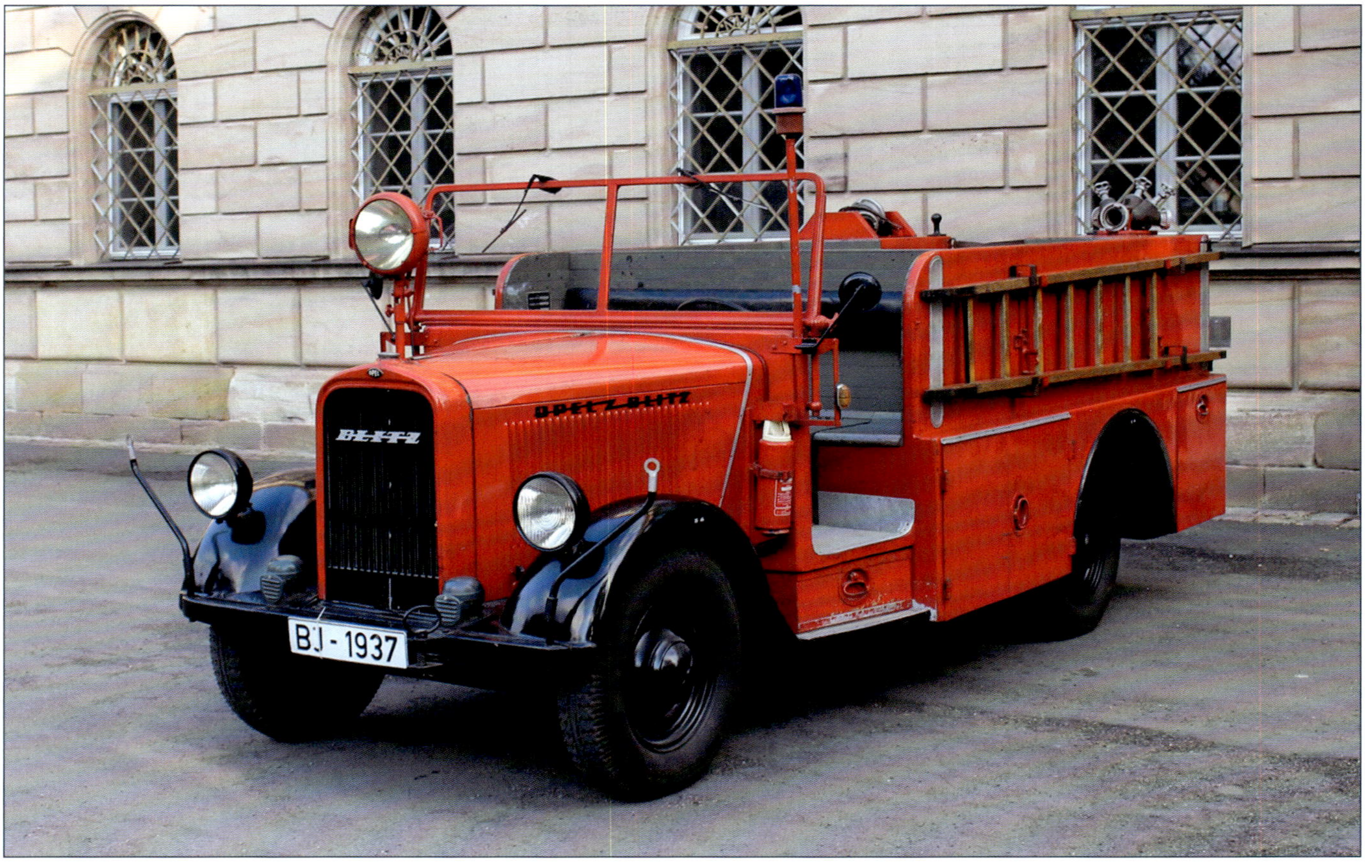
OPEL BLITZ
BLITZ
BJ - 1937

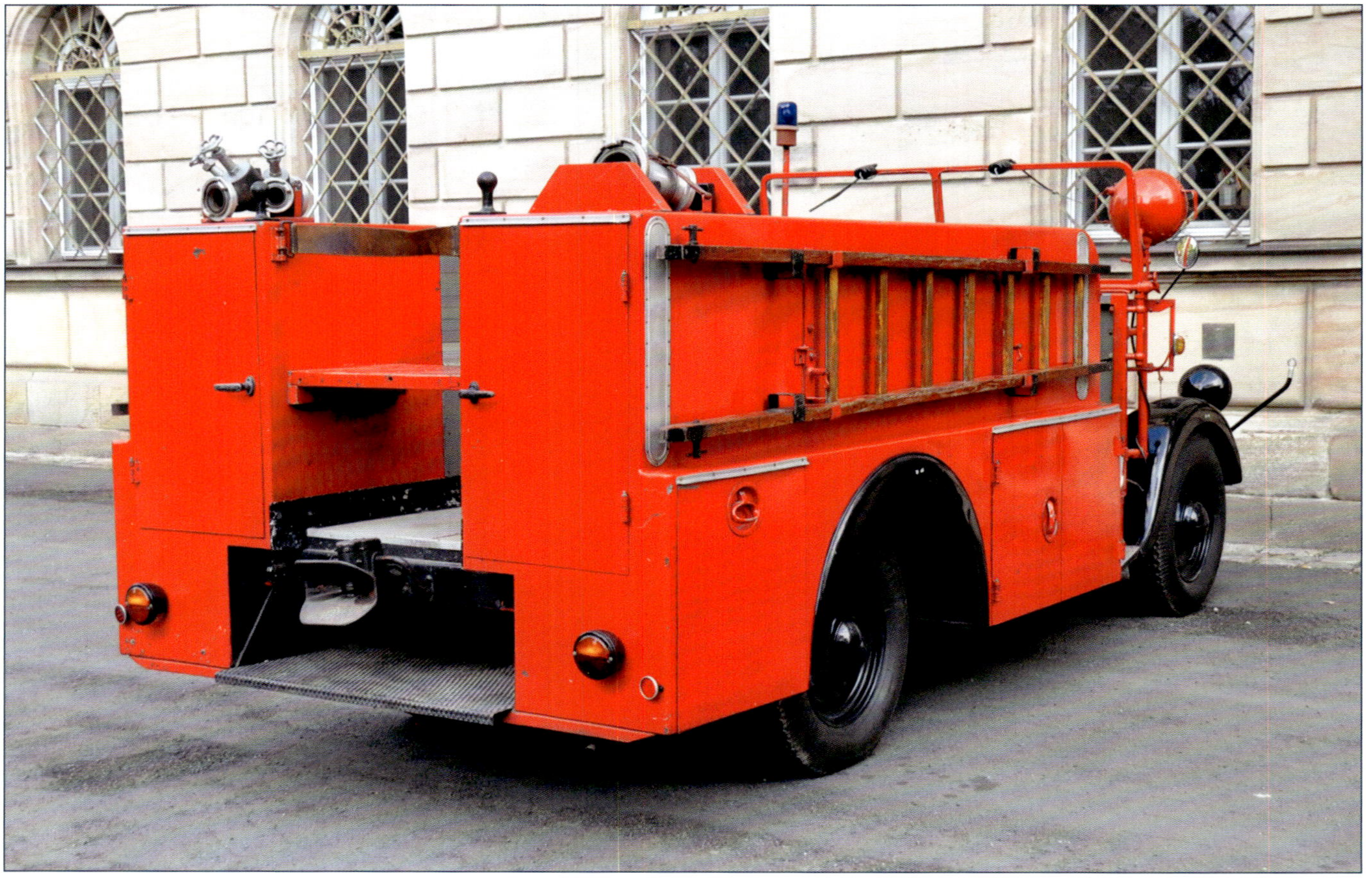

OPEL BLITZ
BLITZ
BJ - 1937

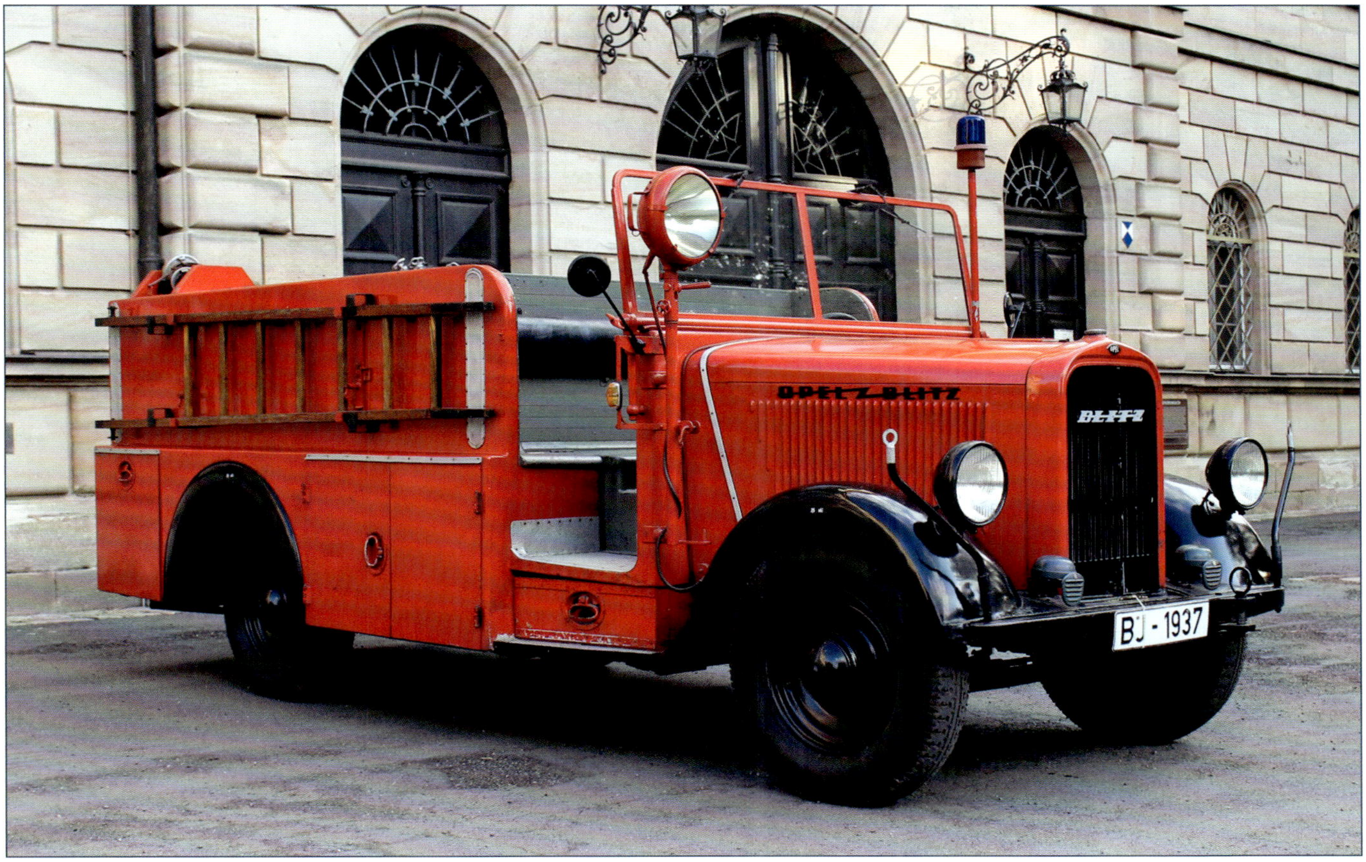

## KzS 8

Hersteller: Opel Blitz
Baujahr: 1937
a. Dienst: nicht bekannt

Aufbau: Metz

Motor: 4 Zyl.
Motorleistung: 36 PS
Hubraum: 1900 ccm

Länge: 4680 mm
Breite: 2175 mm
Höhe: 2165 mm
Radstand: 3855 mm

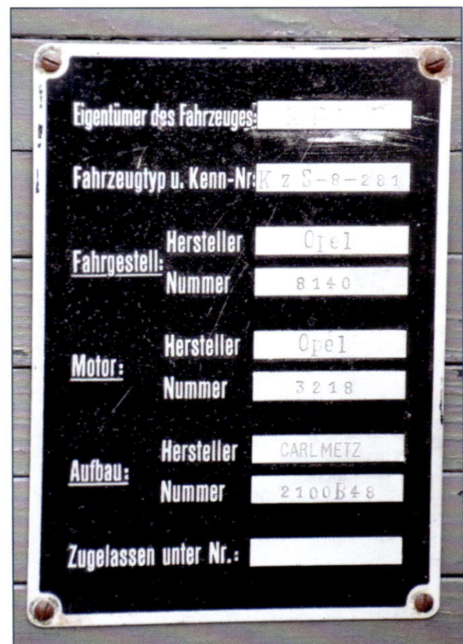

Eigentümer des Fahrzeuges:
Fahrzeugtyp u. Kenn-Nr: K z S-8-281
Fahrgestell: Hersteller Opel
Nummer 8140
Motor: Hersteller Opel
Nummer 3218
Aufbau: Hersteller CARL METZ
Nummer 2100B48
Zugelassen unter Nr.:

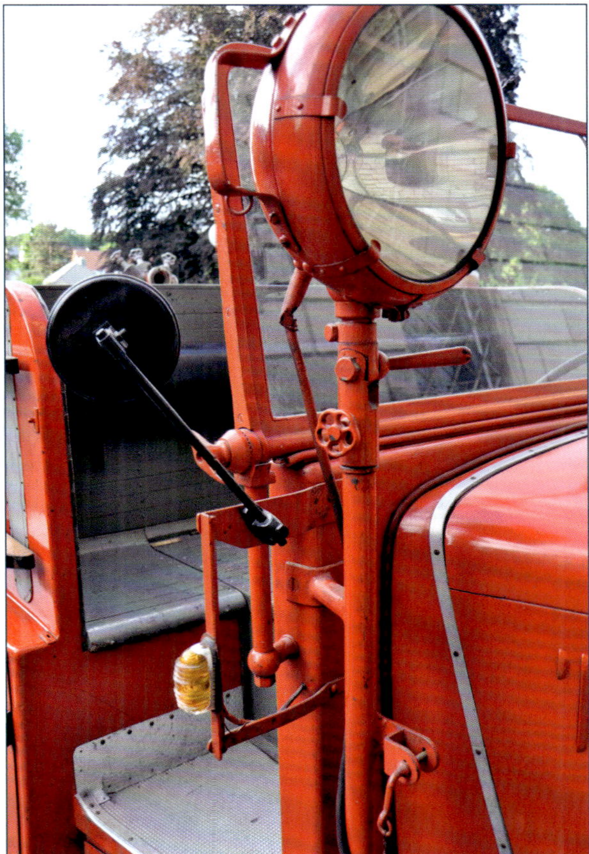

KzS 8, Baujahr 1937 (links) und LF 20-KatS, Baujahr 2015 (rechts)

## Rettungswagen mit Feuerlöschpumpe

Kennzeichen: IIN 49585
Hersteller: Magirus M 30
Baujahr: 1934
a. Dienst: nicht bekannt

Aufbau: Magirus

Motor: 6 Zyl. Benzin
Motorleistung: 55–70 PS
Hubraum: 4595 ccm

Eigengewicht: 5845 kg
Gesamtgewicht: 6350 kg
Länge: 9000 mm
Breite: 2050 mm
Höhe: 3000 mm
Radstand: 4500 mm

Ausstattung:
Vorbaupumpe 1500 l/min
Spill mit 3000 kg Zugkraft
Kran mit 3000 kg Hubkraft

Der Lebensabend als Spielgerät

**KdoW**

Kennzeichen: AB 657 476
FÜ-2033
Hersteller: VW Käfer 1200 Typ 11 A
Baujahr: 1951
a. Dienst: 1963

Motor: 4 Zyl. Benzin
Motorleistung: 25 PS
Hubraum: 1131 ccm

Farbe: Weinrot

**KdoW**

Kennzeichen: nicht bekannt
Hersteller: VW Käfer 1200
Baujahr: 1959
a. Dienst: 1967

Motor: 4 Zyl. Benzin
Motorleistung: 30 PS
Hubraum: 1192 ccm

**KdoW**

Kennzeichen: FÜ-2038
Hersteller: VW 1600 TL
Baujahr: 1967
a. Dienst: nicht bekannt

Motor: 4 Zyl. Benzin
Motorleistung: 54 PS
Hubraum: 1584 ccm

## KdoW

Kennzeichen: FÜ-2317
Hersteller: Mercedes-Benz C 200 D
Baujahr: 1993
a. Dienst: 2017

Funkrufname: Fürth 1; Fürth 1/10/4

Ausbau: Eigen

Motor: Diesel
Motorleistung: 75 PS
Hubraum: 1997 ccm

Gesamtgewicht:
Länge: 4487 mm
Breite: 1720 mm
Höhe: 1460 mm
Radstand: 2690 mm

## KdoW

Kennzeichen: FÜ-FW 1002
Hersteller: Ford CMaxx
Baujahr: 2012

Funkrufname: Fürth 1/10/2

Ausbau: Compoint

Motor: 4 Zyl. Diesel
Motorleistung: 140 PS
Hubraum: 1997 ccm

Gesamtgewicht: 1698 kg
Länge: 4772 mm
Breite: 1884 mm
Höhe: 1860 mm

## KdoW

Kennzeichen: FÜ-FW 1001
Hersteller: Audi Q 5
Baujahr: 2023

Funkrufname: Fürth 1/10/2

Ausbau: Eigen

Motor: Hybrid. Diesel 4 Zyl. Diesel
Motorleistung: 203 PS
Hubraum: 1968 ccm

Gesamtgewicht: 2125 kg
Länge: 4682 mm
Breite: 1917 mm
Höhe: 1880 mm

## Bereitschaftswagen

Kennzeichen: FÜ-FW 1290
Hersteller: VW Tiguan
Baujahr: 2023

Funkrufname: nicht bekannt

Ausbau: Firma Schäfer

Motor: 4 Zyl. Diesel
Motorleistung: 150 PS
Hubraum: 1968 ccm

Gesamtgewicht: 2040 kg

Das Auto gehört dem Amt für Brand- und Katastrophenschutz, wird zurzeit nur vom Straßenverkehrsamt der Stadt genutzt. Eine Sondersignalanlage ist vorhanden, Fahrten mit Sondersignal finden nicht statt, die Blaulichter dienen nur zur Absicherung von Gefahrenstellen.

**ELW**

Kennzeichen: FÜ-2113
Hersteller: VW Passat Variant
Baujahr: nicht bekannt
a. Dienst: nicht bekannt

Funkrufname: Fürth 10/2

Motor: 4 Zyl. Reihe Diesel
Motorleistung: 50 PS
Hubraum: 1471 ccm

Gesamtgewicht: 2380 kg

Länge: 4200 mm
Breite: 1620 mm
Höhe o. Blaulicht: 1360 mm
Radstand: 2470 mm

Farbe: Dunkelrot (vermutlich Serienfarbe)

Baugleich:
ELW / KdoW
Kennzeichen: FÜ-2135
Hersteller: VW Passat Variant

**ELW**

Kennzeichen: FÜ-2082
Hersteller: VW Passat Variant
Baujahr: nicht bekannt
a. Dienst: nicht bekannt

Funkrufname: Fürth 10/2

Motor: 4 Zyl. Reihe
Motorleistung: 54 PS
Hubraum: 1588 ccm

Gesamtgewicht: 2380 kg
Länge: 4540 mm
Breite: 1685 mm
Höhe o. Blaulicht: 1385 mm
Radstand: 2550 mm

## ELW

Kennzeichen: FÜ-2050
Hersteller: Mercedes-Benz T 240 D Turnier (W 123)
Baujahr: 1986
a. Dienst: nicht bekannt

Funkrufname: Fürth 10/1

Aufbau: nicht bekannt

Motor: 4 Zyl. Reihe Diesel
Motorleistung: 79 PS
Hubraum: 2399 ccm

Gesamtgewicht: 1915 kg

Länge: 4725 mm
Breite: 1786 mm
Höhe o. Blaulicht: 1438 mm
Radstand: 2795 mm

Ausstattung:
Führungsmittel
Nachschlagewerke
Einsatzunterlagen

## ELW

Kennzeichen: FÜ-2400
Hersteller: Mercedes-Benz 250 TD Turnier (W 124)
Baujahr: 1987
a. Dienst: nicht bekannt

Funkrufname: Fürth 1/10/3

Aufbau: Behördenausstattung / Eigen

Motor: 5 Zyl. Reihe Diesel
Motorleistung: 90 PS
Hubraum: 2497 ccm

Leergewicht: 1510 kg
Gesamtgewicht: 2130 kg
Länge: 4765 mm
Breite: 1740 mm
Höhe o. Blaulicht: 1489 mm
Radstand: 2800 mm

Ausstattung:
Führungsmittel
Einsatzunterlagen
Medizinische Notfallausrüstung

## ELW

Kennzeichen: FÜ-2336
Hersteller: Audi A 6 Avant 2.7 TDI Quattro
Baujahr: 2000
a. Dienst: 2012

Funkrufname: bis 2006 ELW; Fürth 1/10/2

Aufbau: Behördenausstattung / Eigen

Motor: 6 Zyl. Diesel
Motorleistung: 180 PS
Hubraum: 2698 ccm

Gesamtgewicht: 2445 kg
Länge: 4933 mm
Breite: 1855 mm
Höhe: 1463 mm
Radstand: 2843 mm

Ausstattung:
Laptop mit diversen Datenbanken
Funk: 2 m und 4 m
Mobiltelefon
Kleiner medizinischer Notfallkoffer
Diverse Führungsmittel
Einsatzunterlagen

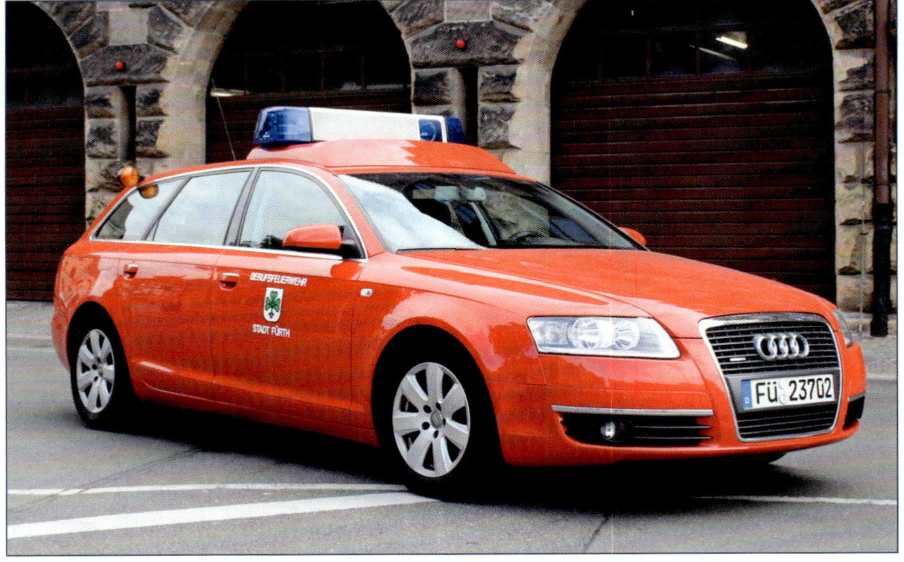

## ELW

Kennzeichen: FÜ-23702
Hersteller: Audi A 6 Avant 2.7 TDI Quattro
Baujahr: 2006

Funkrufname: bis 2008 ELW;
Fürth 1/10/1

Aufbau: Behördenausstattung / Eigen

Motor: 6 Zyl. V Diesel
Motorleistung: 179 PS
Hubraum: 2698 ccm

Gesamtgewicht: 2445 kg
Länge: 5018 mm
Breite: 1855 mm
Höhe: 1498 mm

Ausstattung:
Diverse Führungsmittel
Notebook mit diversen Datenbanken
Wärembildkamera
Fotoausrüstung
Verkehrsabsicherungsmaterial
Notfallkoffer
Laser-Fernthermometer
SAT-Navigation

## ELW 1

Kennzeichen: FÜ-FW 1009
Hersteller: VW T 5 2.5 TDI
Baujahr: 2008

Funkrufname: bis 2017 ELW 1;
Fürth 1/12/1
heute ELW 2, Fürth 1/12/2

Aufbau: Schäfer

Motor: 5 Zyl. Reihe Diesel
Motorleistung: 174 PS
Hubraum: 2461 ccm

Gesamtgewicht: 3200 kg

Länge: 4890 mm
Breite: 1904 mm
Höhe: 1944 mm
Radstand: 3000 mm

Ausstattung:
Kommunikationsausrüstung
Messgeräte
Nachschlagewerke
Notebook mit diversen Datenbanken

## ELW 1

Kennzeichen: FÜ-FW 1012
Hersteller: Mercedes-Benz 313 CDI
Baujahr: 2016

Funkrufname: Fürth 1/12/1

Aufbau: Compoint

Motor: 4 Zyl. Reihe Diesel
Motorleistung: 129 PS
Hubraum: 2143 ccm

Gesamtgewicht: 3500 kg
Länge: 5245 mm
Breite: 1993 mm
Höhe: 2695 mm
Radstand: 3250 mm

Ausstattung:
Kommunikationsmittel
EDV mit diversen Datenbanken
Messgeräte
Dokumentationsmittel

## ABC-Erkundungsfahrzeug

Kennzeichen: FÜ-8001
Hersteller: VW 181
Baujahr: nicht bekannt

wurde von der BF Nürnberg übernommen (N-8045)
a. Dienst: nicht bekannt

Funkrufname: Fürth 1/10/3

Motor: 4 Zyl. Otto
Motorleistung: 47 PS
Hubraum: 1584 ccm

Gesamtgewicht: 1340 kg
Länge: 3780 mm
Breite: 1640 mm
Höhe: 1620 mm

## FüKW-Tel (Bund)

Kennzeichen: FÜ-2020
Hersteller: VW T 2 Bus
Baujahr: nicht bekannt
a. Dienst: nicht bekannt

Funkrufname: Kater Fürth

## FüKW-TEL / UG-ÖEL

Kennzeichen: FÜ-2090
Hersteller: VW T 3 Bus
Baujahr: 1983
a. Dienst: nicht bekannt

Funkrufname: Kater Fürth 12/3

## FeKW / MZF

Kennzeichen: FÜ-2323
Hersteller: Mercedes-Benz L 407 D
Baujahr: 1983
a. Dienst: nicht bekannt

Funkrufname: Kater Vach 12/2

Motor: 4 Zyl. Reihe Diesel
Motorleistung: 72 PS
Hubraum: 2399 ccm

## UG-ÖEL / ELW 2

Kennzeichen: FÜ-2040
Hersteller: Mercedes-Benz 312 D Sprinter
Baujahr: 1999

Funkrufname: Kater Fürth 12/1

Aufbau: nicht bekannt

Motor: 5 Zyl. Reihe Diesel
Motorleistung: 122 PS
Hubraum: 2874 ccm

Gesamtgewicht: 3500 kg
Länge: 6425 mm
Breite: 1922 mm
Höhe: 2570 mm
Radstand: 4025 mm

Ausstattung:
Besprechungsmöglichkeit
Kommunikationsmittel
Diverse Datenbanken
Mess- und Nachweisgeräte

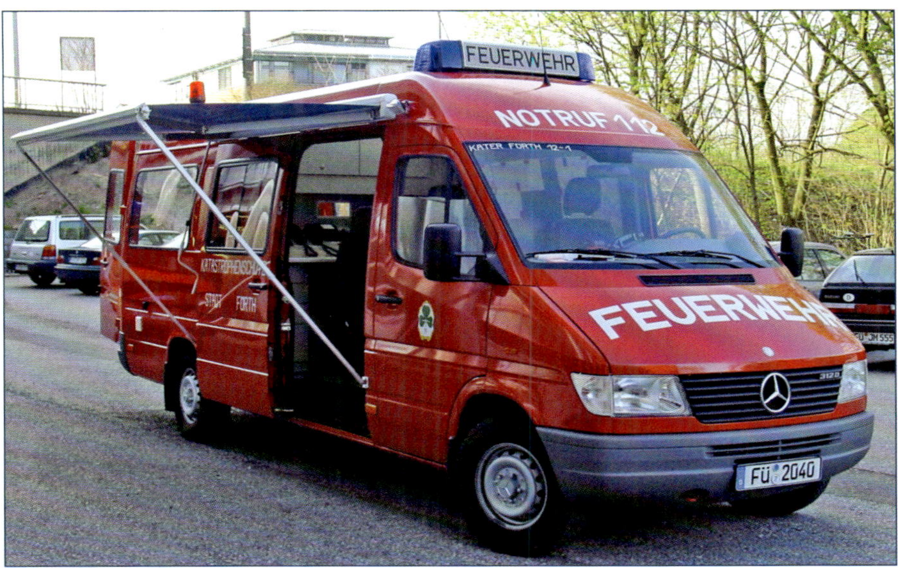

## UG-ÖEL

Kennzeichen: FÜ-FW 1250
Hersteller: MAN TGE 5.180
Baujahr: 2021

Funkrufname: Kater Fürth 13/1
(Standort FF Steinach)

Aufbau: Compoint

Motor: 4 Zyl. Reihe Diesel
Motorleistung: 177 PS
Hubraum: 1968 ccm

Gesamtgewicht: 4500 kg
Länge: 7404 mm
Breite: 2069 mm
Höhe: 2835 mm
Radstand: 4490 mm

Ausstattung:
Sitze für 4 Personen
Klimaanlage (Dach)
Standheitzung
Analog- und Digitalfunkanlage
DECT Telefonanlage
Laptops und Monitore
Stromerzeuger
Diverse Datenbanken und
Nachschlagewerke

## MTW

Kennzeichen: FÜ-2161
Hersteller: Mercedes-Benz 207 D TI
Baujahr: 1979
a. Dienst: nicht bekannt

Funkrufname: Fürth 11/1

Motor: 4 Zyl. Reihe Diesel
Motorleistung: 65 PS
Hubraum: 2404 ccm

Länge: 5235 mm
Breite: 1975 mm
Höhe: 2260 mm
Radstand: 3350 mm

## MTW

Kennzeichen: FÜ-2324
Hersteller: Mercedes-Benz 208 D Sprinter
Baujahr: 1996
a. Dienst: 2017

Funkrufname: Fürth 10/14/1
(Poppenreuth)

## MTW

Kennzeichen: FÜ-23703
Hersteller: VW T 5
Baujahr: 2006

Funkrufname: Fürth 13/14/1 (Stadeln)

Motor: 4 Zyl. Diesel
Motorleistung: 130 PS
Hubraum: 2461 ccm

Gesamtgewicht: 1980–2220 kg
Länge: 5290–5389 mm
Breite: 1904 mm
Höhe: 1949–1969 mm
Radstand: 3400 mm

## MTW

Kennzeichen: FÜ-FW 1006
Hersteller: Renault Traffic DCI 150
Baujahr: 2007

Funkrufname: Fürth 9/14/1 (Mannhof)

Motor: 4 Zyl. Diesel
Motorleistung: 146 PS
Hubraum: 2464 ccm

Gesamtgewicht: 3500 kg
Länge: 5182 mm
Breite: 1904 mm
Höhe: 1940–1982 mm
Radstand: 3498 mm

## MTW

Kennzeichen: FÜ-1010
Hersteller: VW T 5
Baujahr: 2009

Funkrufname: Fürth 11/14/1 (Ronhof)

Motor: 4 Zyl. Diesel
Motorleistung: 130 PS
Hubraum: 2461 ccm
Gesamtgewicht: 3200 kg

## MTW

Kennzeichen: FÜ-FW 1150
Hersteller: VW T 5 2.0 TDI
Baujahr: 2010

Funkrufname: Fürth 1/14/1

Motor: 4 Zyl. Reihe
Motorleistung: 140 PS
Hubraum: 1968 ccm

Gesamtgewicht: 3200 kg
Länge: 5391 mm
Breite: 1904 mm
Höhe: 2140 mm
Radstand: 3400 mm

## MTW

Kennzeichen: FÜ-FW 1151
Hersteller: VW T 5
Baujahr: 2010

Funkrufname: Fürth 14/14/1
(Steinach-Herboldshof)

Ausbau: Eigen

Motor: 4 Zyl. Reihe Diesel
Motorleistung: 140 PS
Hubraum: 1968 ccm

Gesamtgewicht: 3200 kg
Länge: 5290 mm
Breite: 1904 mm
Höhe: 1970 mm
Radstand: 3400 mm

Ausstattung:
Material zur Verkehrsabsicherungung

## MTW

Kennzeichen: FÜ-FW 1152
Hersteller: Ford Transit Custom 2.2 TDCI
Baujahr: 2016

Funkrufname: Fürth 15/14/1
(Unterfarrnbach)

Ausbau: Compoint

Motor: 4 Zyl. Reihe
Motorleistung: 125 PS
Hubraum: 2198 ccm

Gesamtgewicht: 3000 kg

**MTW**

Kennzeichen: FÜ-FW 1153
Hersteller: Ford Transit Custom 2.0 TDI
Baujahr: 2017

Funkrufname: Fürth 6/14/1 (Burgfarrnbach)

Aufbau: Compoint

Motor: 4 Zyl. Diesel
Motorleistung: 170 PS
Hubraum: 1995 ccm

Gesamtgewicht: 3365 kg

**MTW**

Kennzeichen: FÜ-FW 1154
Hersteller: Ford Transit Custom 2.0 TDI
Baujahr: 2017

Funkrufname: Fürth 10/14/1 (Poppenreuth)

Aufbau: Compoint

Motor: 4 Zyl. Diesel
Motorleistung: 170 PS
Hubraum:1995 ccm

Gesamtgewicht: 3365 kg
Länge 5487 mm
Breite: 2032 mm
Höhe o. Blaulicht: 2180 mm

**MTW**

Kennzeichen: FÜ-FW 1156
Hersteller: Ford Transit Custom 2.2 TDCI
Baujahr: 2022

Funkrufname: Fürth 5/14/1 (Atzenhof)

Aufbau: Compoint

Motor: 4 Zyl Reihe Diesel
Motorleistung: 130 PS
Hubraum: 1995 ccm

Gesamtgewicht: 3400 kg
Länge: 5339 mm
Breite: 2032 mm
Höhe o. Blaulicht: 2120 mm
Radstand: 3300 mm

## MTW

Kennzeichen: FÜ-FW 1155
Hersteller: Ford Transit Custom 2.0 TDCI
Baujahr: 2020

Funkrufname: Fürth 12/14/1 (Sack)

Aufbau: Compoint

Motor: 4 Zyl. Diesel
Motorleistung: 170 PS
Hubraum: 1995 ccm

Gesamtgewicht: 3365 kg
Länge: 5487 mm
Breite: 2032 mm
Höhe: 2180 mm

Ausstattung:
Drohne

Kraftfahrspritze bei der Auslieferung (1921)

**Kraftfahrspritze**

Kennzeichen: IIN 49582
Hersteller: Magirus, Typ Rottweil
Baujahr: 1921
a. Dienst:

Aufbau: Magirus

Motor: 4 Zyl. Benzin
Motorleistung: 34 PS
Hubraum: 4250 ccm

Gesamtgewicht: 4000 kg

Ausstattung:
Pumpenleistung: 800 l/m bei 6 bar
10,8 m Spiralschlauch (6 x 1,8 m)
1 Saugventil
2 x 5 m Hanfschläuche 75 mm
4 x 5 m Hanfschläuche 52 mm
2 große Strahlrohre
4 normale Strahlrohre mit Absperrhahn
Aprotzschlauchwagen mit 200 m Hanfschlauch
Handwerkzeug

## Kraftfahrspritze

Kennzeichen: IIN 49698
FÜ-DH 430
Hersteller: Magirus, Typ Ulm
Baujahr: 1929
a. Dienst: nicht bekannt

Aufbau: Magirus

Motor: 6 Zyl.
Motorleistung: 55 PS
Hubraum: 4250 ccm

Ausstattung:
Pumpenleistung: 2000 l/min

Magirus

## TSF

Kennzeichen: FÜ-Y 594
Hersteller: Ford Transit FT 130
Baujahr: 1969
a. Dienst: nicht bekannt

Funkrufname: (Mannhof)

Aufbau: Metz

Motor: 4 Zyl. Reihe
Motorleistung: 65 PS
Hubraum: 1699 ccm

Gesamtgewicht: 3000 kg

## TSF

Kennzeichen: FÜ-278
Hersteller: Ford Transit
Baujahr: 1968
a. Dienst: nicht bekannt

Funkrufname: (Steinach-Herboldshof)

Aufbau: Bachert

Motor: 4 Zyl. Reihe
Motorleistung: 65 PS
Hubraum: 1688 ccm

Länge: 5250 mm
Breite: 2060 mm
Höhe: 2400 mm
Radstand: 2997 mm

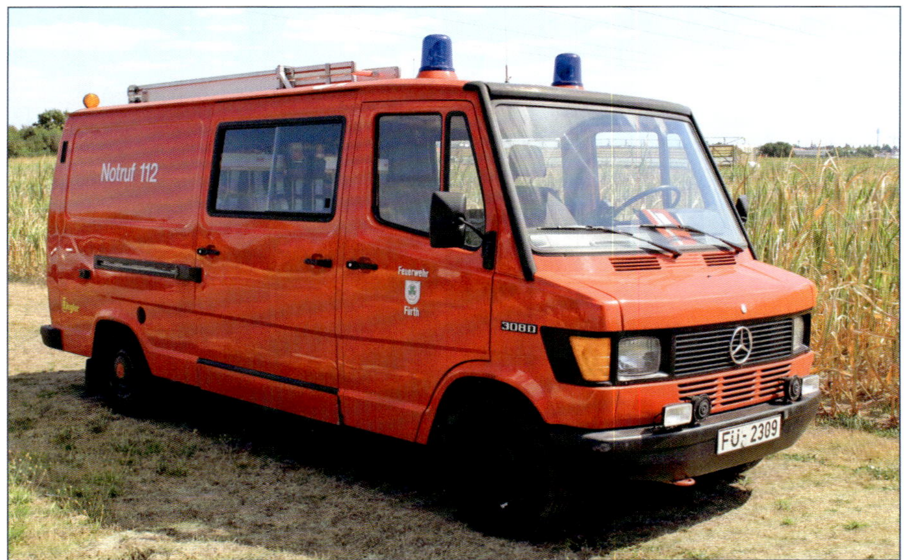

## TSF

Kennzeichen: FÜ-2309
Hersteller: Mercedes-Benz 308 D T1
Baujahr: 1989

Funkrufname: Fürth 14/44/1
(Steinach-Herboldshof)

Aufbau: Ziegler

Motor: 4 Zyl. Reihe Diesel
Motorleistung: 79 PS
Hubraum: 2299 ccm

Gesamtgewicht: 3200 kg
Länge: 5905 mm
Breite: 1910 mm
Höhe: 2185 mm
Radstand: 3700 mm

## TSF

Kennzeichen: FÜ-2305
Hersteller: Mercedes-Benz 307 D T1
Baujahr: 1989
a. Dienst: nicht bekannt

Funkrufname: (Atzenhof)

Aufbau: Ziegler

Motor: 4 Zyl. Reihe Diesel
Motorleistung: 72 PS
Hubraum: 2350 ccm

Leergewicht: 2260 kg
Gesamtgewicht: 3500 kg
Länge: 5400 mm
Breite: 1975 mm
Höhe: 2420 mm

Baugleich:

Kennzeichen: FÜ-2306
Hersteller: Mercedes-Benz 307 D T1
Baujahr: 1989
a. Dienst: 2020

Funkrufname: Fürth 12/44/1 (Sack)

Kennzeichen: FÜ-2308
Hersteller: Mercedes-Benz 308 D T1
Baujahr: 1989

Funkrufname: Fürth 5/44/1 (Atzenhof)

Motor: 4 Zyl. Reihe Diesel
Motorleistung: 79 PS
Hubraum: 2273 ccm

Leergewicht: 2250 kg
Gesamtgewicht: 3500 kg
Länge: 5400 mm
Breite: 1975 mm
Höhe: 2420 mm

## LF 8 (schwer)

Kennzeichen: FÜ-219
Hersteller: Mercedes-Benz 710 LA
Baujahr: 1965
a. Dienst: nicht bekannt

Funkrufname: Fürth 4/42/1 (Fürth-Stadt)

Aufbau: Metz

Motor: 6 Zyl. Reihe Diesel
Motorleistung: 100 PS
Hubraum: 5675 ccm

Gesamtgewicht: 4790 kg
Radstand: 3200 mm

Das Fahrzeug wurde von der Gemeinde Stadeln gekauft und nach der Eingemeindung von der Feuerwehr Fürth übernommen.

## LF 8 (schwer)

Kennzeichen: FÜ-208
Hersteller: Mercedes-Benz 710 LA
Baujahr: 1967
a. Dienst: nicht bekannt

Funkrufname: Fürth 3/42/ 2 (Fürberg)

Aufbau: Metz

Motor: 6 Zyl. Reihe Diesel
Motorleistung: 100 PS
Hubraum: 5675 ccm

Gesamtgewicht: 4790 kg

Das Fahrzeug wurde von der Gemeinde Fürberg gekauft und nach der Eingemeindung von der Feuerwehr Fürth übernommen.

## LF 8

Kennzeichen: FÜ-223
Hersteller: Mercedes-Benz LF 319 B
Baujahr: 1960
a. Dienst: nicht bekannt

FF Sack

Aufbau: Metz

Motor: 4 Zyl. Benzin
Motorleistung: 68 PS
Hubraum: 1884 ccm

Gesamtgewicht: 4350 kg

## LF 8

Kennzeichen: FÜ-2302
Hersteller: Mercedes-Benz 709 D T 2
Baujahr: 1987

Funkrufname: Fürth 1/48/1
(Res. Unterfarrnbach)

Aufbau: Bachert

Motor: 4 Zyl.
Motorleistung: 90 PS
Hubraum: 3972 ccm

Gesamtgewicht: 5990 kg
Länge: 6300 mm
Breite: 2450 mm
Höhe: 2820 mm

## LF 8

Kennzeichen: FÜ-2208
Hersteller: Mercedes-Benz 608 D
Baujahr: 1986
a. Dienst: 2019

Funkrufname: Fürth 9/48/1 (Mannhof)

Aufbau: Bachert

Motor: 4 Zyl. Diesel
Motorleistung: 80 PS
Hubraum: 3578 ccm

Gesamtgewicht: 7490 kg

Ausstattung:
Frontpumpe: 8/8
Tragkraftspritze Heck: 8/8

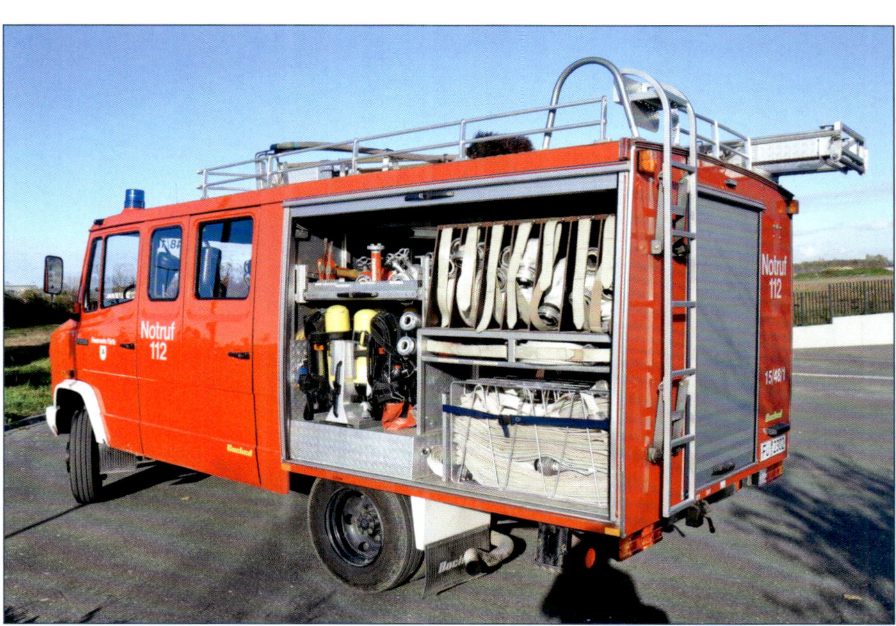

## LF 8/6

Kennzeichen: FÜ-2344
Hersteller: MAN 8.145 L LF
Baujahr: 2002

Funkrufname: Burgfarrnhach;
Fürth 6/47/1
seit 2016 Florian 12/43/1
(Sack)

Aufbau: Ziegler

Motor: 4 Zyl. Reihe Diesel
Motorleistung: 140 PS
Hubraum: 4580 ccm

Gesamtgewicht: 7490 kg
Länge: 6750 mm
Breite: 2500 mm
Höhe: 2970 mm

Ausstattung:
Wassertank: 600 l
Schaummittel: 60 l

## LF 8/6

Kennzeichen: FÜ-2325
Hersteller: MAN LE 140 C
Baujahr: 2000

Funkrufname: Fürth 14/42/1
(Steinach-Herboldshof)

Aufbau: Ziegler

Motor: 4 Zyl. Diesel
Motorleistung: 163 PS
Hubraum: 4580 ccm

Leergewicht: 4950 kg
Gesamtgewicht: 7490 kg
Länge: 6900 mm
Breite: 2500 mm
Höhe: 2920 mm
Radstand: 3560 mm

Ausstattung:
Wassertank: 600 l
Rettungssatz: LS 200 EN, LSP 44 C
Stromerzeuger

## LF 10

Kennzeichen: FÜ-23701
Hersteller: Iveco 75 E 15
Baujahr: 2005

Funkrufname: Fürth 7/43/1 (Fürberg)

Aufbau: Magirus

Motor: 6 Zyl. Diesel
Motorleistung: 150 PS
Hubraum: 3920 ccm

Leergewicht: 5125 kg
Gesamtgewicht: 7490 kg
Länge: 6680 mm
Breite: 2400 mm
Höhe: 3020 mm
Radstand: 3330 mm

Ausstattung:
Wassertank: 600 l
Schaummittel: 60 l (Kanister)
Schnellangriff: 50 m DS
Stromerzeuger: 8 kVA

## LF 10/6

Kennzeichen: FÜ-FW 1102
Hersteller: MAN TGL 8.180 4x2 BB
Baujahr: 2007
Funkrufname: Fürth 11/43/1 (Ronhof-Kronach)

Aufbau: Ziegler

Motor: 4 Zyl. Reihe Diesel
Motorleistung: 180 PS
Hubraum: 4580 ccm
Gesamtgewicht: 8600 kg

Ausstattung:
Wassertank: 800 l
Schaummittel: 120 l (Kanister)
Stromerzeuger: 9 kVA

## LF 10/6

Kennzeichen: FÜ-FW 1101
Hersteller: MAN TGL 8.180 4x2 BB
Baujahr: 2008
Funkrufname: Fürth 8/43/1 (Stadt)

Aufbau: Ziegler

Motor: 4 Zyl. Reihe Diesel
Motorleistung: 180 PS
Hubraum: 4580 ccm

Leergewicht: 5890 kg
Gesamtgewicht: 8800 kg
Länge: 6950 mm
Breite: 2500 mm
Höhe: 3020 mm

Ausstattung:
Löschwassertank: 800 l
Wassersauger
Stromerzeuger: 8 kVA

## LF 10/6

Kennzeichen: FÜ-FW 1103
Hersteller: MAN TGL 8.180
Baujahr: 2008

Funkrufname: Fürth 13/43/1 (Stadeln)

Aufbau: Ziegler

Motor: 4 Zyl. Reihe Diesel
Motorleistung: 180 PS
Hubraum: 4580 ccm

Leergewicht: 5890 kg
Gesamtgewicht: 8800 kg
Länge: 6880 mm
Breite: 2500 mm
Höhe: 2930 mm

Ausstattung:
Löschwassertank: 600 l
Motorkettensäge mit Zubehör
Schnittschutzkleidung

## LF 10

Kennzeichen: FÜ-FW 1109
Hersteller: MAN TGL 12.200 4x2 BB
Baujahr: 2019

Funkrufname: Fürth 5/43/1 (Atzenhof)

Aufbau: Magirus Alufire 3

Motor: 4 Zyl. Reihe
Motorleistung: 220 PS
Hubraum: 4580 ccm

Gesamtgewicht: 12000 kg
Länge: 7200 mm
Breite: 2500 mm
Höhe: 3200 mm

Ausstattung:
Löschwassertank: 1600 l
Schaummittel: 120 l (Kanister)
Hygieneboard
Lichtmast (6 x 24 V LED)
Beleuchtungsgeräte
2 PAs im Mannschaftsraum

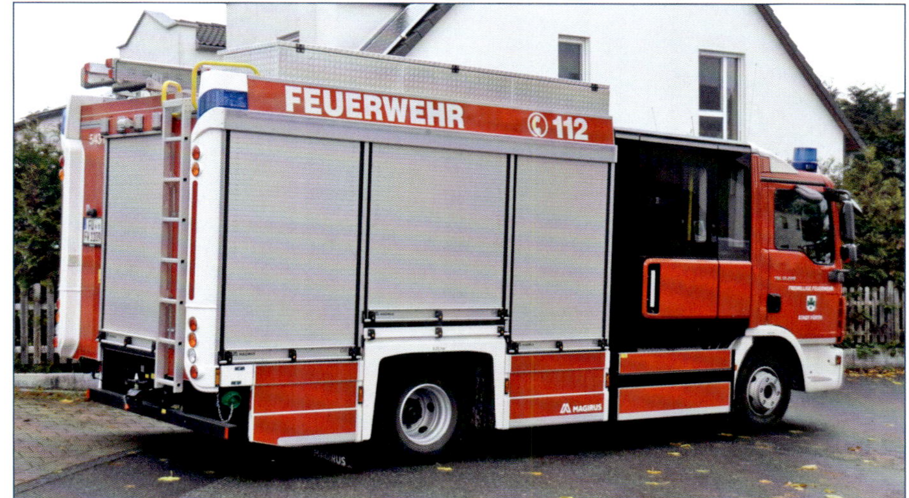

## LF 10

Kennzeichen: FÜ-FW 1110
Hersteller: MAN TGL 12.200 4x2 BB
Baujahr: 2019

Funkrufname: Fürth 15/43/1
(Unterfarnbach)

Aufbau: Magirus Alufire 3

Motor: 4 Zyl. Reihe
Motorleistung: 220 PS
Hubraum: 4580 ccm

Gesamtgewicht: 12000 kg
Länge: 7200 mm
Breite: 2500 mm
Höhe: 3200 mm

Ausstattung:
Löschwassertank: 1600 l
Schaummittel: 120 l (Kanister)

## MLF

Kennzeichen: FÜ-FW 1106
Hersteller: MAN TGL 8.180 4x2 BB
Baujahr: 2016

Funkrufname: Fürth 10/47/1
(Poppenreuth)

Aufbau: Magirus Alufire 3

Motor: 4 Zyl. Reihe Diesel
Motorleistung: 179 PS
Hubraum: 4580 ccm

Gesamtgewicht: 8500 kg
Länge: 6200 mm
Breite: 2500 mm
Höhe: 3000 mm

Ausstattung:
Löschwassertank: 1000 l
Schaummittel: 60 l (Kanister)
30 m C-Schlauch in Buchten
Vorrichtung zur schnellen Wasserabgabe
Stromerzeuger: 9,5 kVA
Wassersauger
Notfallrucksack

## MLF

Kennzeichen: FÜ-FW 1108
Hersteller: MAN TGL 8.180 4x2 BB
Baujahr: 2019

Funkrufname: Fürth 9/47/1 (Mannhof)

Aufbau: Ziegler

Motor: 4 Zyl. Reihe Diesel
Motorleistung: 180 PS
Hubraum: 4580 ccm

Gesamtgewicht: 8500 kg

Ausstattung:
Wassertank: 1000 l
Schaummittel: 60 l (Kanister)
Stromerzeuger: 8 kVA
Wassersauger
Beleuchtungssatz

## LF 16 - TS ZB

Kennzeichen: FÜ-8008
Hersteller: Magirus 125 D 10 A
Baujahr: 1967
a. Dienst: nicht bekannt

Funkrufname: (Ronhof, zuvor Fahrzeug im Löschzug der BF)

Aufbau: Rathgeber

Motor: 6 Zyl. V Diesel
Motorleistung: 126 PS
Hubraum: 7412 ccm

Gesamtgewicht: 10000 kg
Länge: 6375 mm
Breite: 2122 mm
Höhe: 2800 mm
Radstand: 3700 mm

Ausstattung:
Beladung nach Vorgabe des Luftschutzhilfsdienstes (LSHD)

Baugleich:

LF 16 - TS ZB
Kennzeichen: FÜ-8011
Hersteller: Magirus 125 D 10 A
Baujahr: 1968
a. Dienst: nicht bekannt

(FF-Stadt)

## LF 16 - TS ZB

Kennzeichen: FÜ-8004
Hersteller: Magirus 125 D 10 A
Baujahr: 1965
a. Dienst: nicht bekannt

(Unterfarrnbach)

Aufbau: Rathgeber

Motor: 6 Zyl. V Diesel
Motorleistung: 126 PS
Hubraum: 7412 ccm

Gesamtgewicht: 10000 kg
Länge: 6375 mm
Breite: 2122 mm
Höhe: 2800 mm
Radstand: 3700 mm

Ausstattung:
Beladung nach Vorgabe des Luftschutzhilfsdienstes (LSHD)

## LF 16 - TS

Kennzeichen: FÜ-8111
Hersteller: Mercedes-Benz 1113 LAF
Baujahr: nicht bekannt
a. Dienst: nicht bekannt

Funkrufname: Fürth 8/41/1 (Stadt)

Aufbau: Lentner

Motor: 6 Zyl. Reihe
Motorleistung: 170 PS
Hubraum: 5638 ccm

Gesamtgewicht: 9500 kg
Länge: 7700 mm
Breite: 2480 mm
Höhe: 3000 mm

## LF 16 - TS

Kennzeichen: FÜ-8112; ab ? FÜ FW 1105
Hersteller: IVECO 9016 AW
Baujahr: 1989

Funkrufname: 13/41/1
(bis 2009 Stadeln)

Aufbau: Lenter

Motor: 6 Zyl. Reihe Diesel
Motorleistung: 160 PS
Hubraum: 6128 ccm

Gesamtgewicht: 9000 kg

## LF 16 - TS

Kennzeichen: FÜ-8132
Hersteller: IVECO 9016 AW
Baujahr: 1989

Funkrufname: Fürth 8/43/1
(Burgfarrnbach)

Aufbau: Lentner

Motor: 6 Zyl. Reihe Diesel
Motorleistung: 160 PS
Hubraum: 6128 ccm

Gesamtgewicht: 9000 kg

Ausstattung:
TS 8/8
600 m B-Schlauch

## LF 16 - TS

Kennzeichen: FÜ-8121; ab ? FÜ FW 1107
Hersteller: Iveco 9016 AW
Baujahr: 1989

Funkrufname: Fürth 2/41/1 (Stadt)

Aufbau: nicht bekannt

Motor: 6 Zyl. Reihe Diesel
Motorleistung: 160 PS
Hubraum: 6086 ccm

Gesamtgewicht: 9000 kg

## LF 16 - TS

Kennzeichen: FÜ-8131
Hersteller: Iveco 9016 AW
Baujahr: 1989

Funkrufname: Fürth 5/41/1
(Ronhof-Kronach)

Aufbau: Lentner

Motor: 6 Zyl. Reihe Diesel
Motorleistung: 160 PS
Hubraum: 6128 ccm

Länge: 7250 mm
Breite: 2500 mm
Höhe: 3100 mm
Radstand: 3500 mm
Gesamtgewicht: 9000 kg

Ausstattung:
Vorbaupumpe DIN 14420
FP 16/8S
TS 8/8
600 m B-Schlauch

## LF 16

Kennzeichen: FÜ-2145
Hersteller: Mercedes-Benz 1017 AF
Baujahr: 1977
a. Dienst: 2009

Funkrufname: Fürth 40/2; ab ? 16/40/1 (Vach)

Aufbau: Bachert

Motor: 6 Zyl. Reihe Diesel
Motorleistung: 168 PS
Hubraum: 5675 ccm

Gesamtgewicht: nicht bekannt
Länge: 7900 mm
Breite: 2480 mm
Höhe: 3000 mm
Radstand: 3600 mm

Ausstattung:
Wassertank: 800 l
Schaummittel: 120 l (Kanister)

## LF 16

Kennzeichen: FÜ-2303
Hersteller: Mercedes-Benz 1017 AF
Baujahr: 1979
von der BF Mannheim übernommen
a. Dienst: nicht bekannt

Funkrufname: Fürth 11/40/1
(Ronhof-Kronach)

Aufbau: Bachert

Motor: 6 Zyl. Reihe Diesel
Motorleistung: 168 PS
Hubraum: 5675 ccm

Gesamtgewicht: nicht bekannt

## LF 16/12

Kennzeichen: FÜ-2329
Hersteller: Mercedes-Benz 1224 AF
Baujahr: 1998

Funkrufname: Fürth 1/40/1
ab ? Fürth 16/40/1

Aufbau: Ziegler

Motor: 6 Zyl. Reihe Diesel
Motorleistung: 177 kW
Hubraum: 5848 ccm

Gesamtgewicht: 13.500 kg
Länge: 7300 mm
Breite: 2500 mm
Höhe: 3200 mm

## LF 16/12 (CAFS)

Kennzeichen: FÜ-2335
Hersteller: Merzedes-Benz 1224 AF
Baujahr: 1998

Funkrufname: Fürth 1/40/6
ab ? Fürth 16/41/1

Aufbau: Ziegler

Motor: 6 Zyl. Reihe Diesel
Motorleistung: 240 PS
Hubraum: 5848 ccm

Gesamtgewicht: 14000 kg

Ausstattung:
Wassertank: 1600 l
Schaummittel: 150 l (Tank)
Löschtechnik: Compressd-Air-Foam-System

## LF 16/12

Kennzeichen: FÜ-2315
Hersteller: MAN 14.255 MALF
Baujahr: 2001
a. Dienst:

Funkrufname: Fürth 1/40/5 (FF Stadt)

Aufbau: Ziegler

Motor: 6 Zyl. Reihe Diesel
Motorleistung: 245 PS
Hubraum: 6871 ccm

Gesamtgewicht: 14500 kg

Ausstattung:
CAFS Power Foam Pro (Ziegler)
Wassertank: 1600 l
Schaummittel: CAFS/Class-A 50 l (Tank)
AFFF 150 l (Tank)
hydr. Rettungssatz
Hebekissen
6 PA
Hitzeschutzkleidung
Wärmebildkamera
Heckabsicherung
Verkehrsabsicherung
Kettensäge

## HLF 20 (Sonder)

Kennzeichen: FÜ-FW 1040
Hersteller: MAN TGM 13.290 4x4
Baujahr: 2012

Funkrufname: Fürth 1/40/3

Aufbau: Ziegler

Motor: 6 Zyl. Diesel
Motorleistung: 290 PS
Hubraum: 6871 ccm

Gesamtgewicht: 15500 kg
Länge: 8900 mm
Breite: 2500 mm
Höhe: 3270 mm

Ausstattung:
CAFS-Löschanlage
Löschwassertank: 1980 l
Schaummittel: 210 l

## HLF 20 (Sonder)

Kennzeichen: FÜ-FW 1041
Hersteller: MAN TGM 13.290 4x4
Baujahr: 2014

Funkrufname: Fürth 1/40/4

Aufbau: Ziegler

Motor: 6 Zyl. Diesel
Motorleistung: 290 PS
Hubraum: 6871 ccm

Gesamtgewicht: 15000 kg
Länge: 8880 mm
Breite: 2500 mm
Höhe: 3280 mm

Ausstattung:
CAFS-Löschanlage
Löschwassertank: 1980 l
Schaummittel: 210 l

## HLF 20

Kennzeichen: FÜ-FW 1043
Hersteller: MAN TGM 15.290
Baujahr: 2021

Funkrufname: Fürth 1/40/2

Aufbau: Magirus

Motor: 6 Zyl. Reihe
Motorleistung: 290 PS
Hubraum: 6871 ccm

Leergewicht: 9080 kg
Gesamtgewicht: 15500 kg
Länge: 8600 mm
Breite: 2500 mm
Höhe: 3300 mm

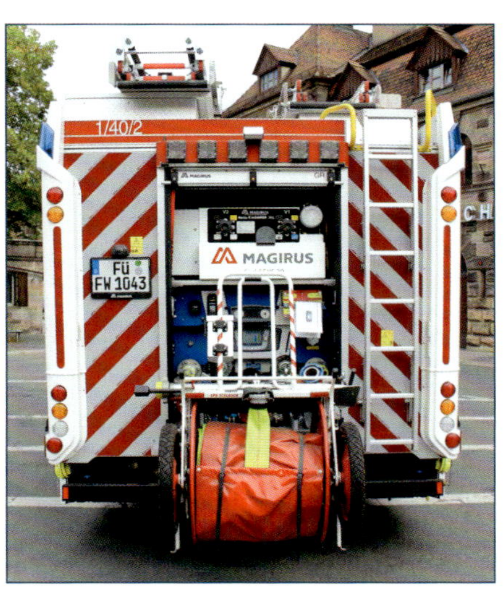

## HLF 20

Kennzeichen: FÜ-FW 1042
Hersteller: MAN TGM
Baujahr: 2022

Funkrufname: Fürth 1/40/1

Aufbau: Magirus

Motor: 6 Zyl. Reihe
Motorleistung: 290 PS
Hubraum: 6871 ccm

Leergewicht: 9080 kg
Gesamtgewicht: 15500 kg
Länge: 8600 mm
Breite: 2500 mm
Höhe: 3300 mm

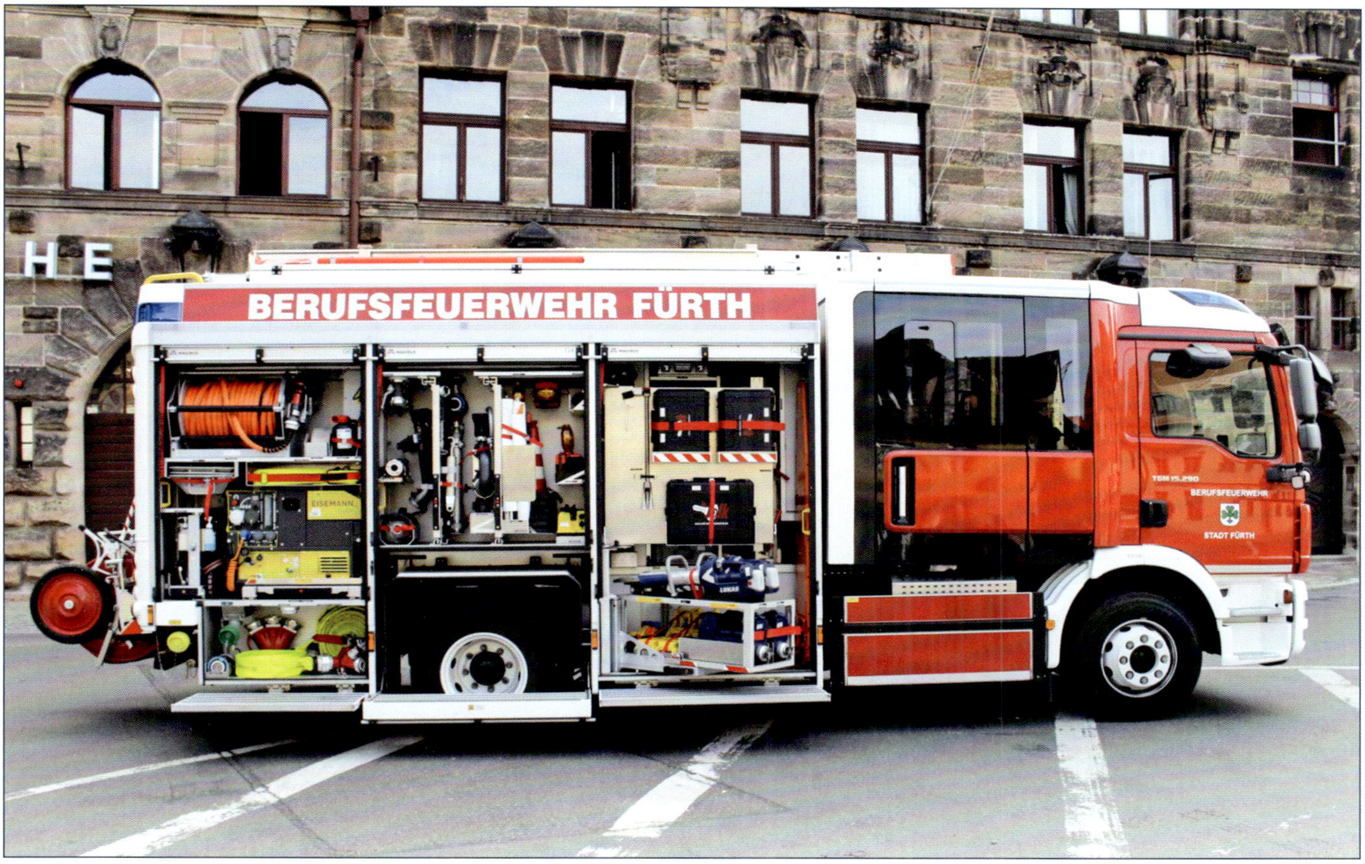
BERUFSFEUERWEHR FÜRTH
TGM 15.290
BERUFSFEUERWEHR
STADT FÜRTH

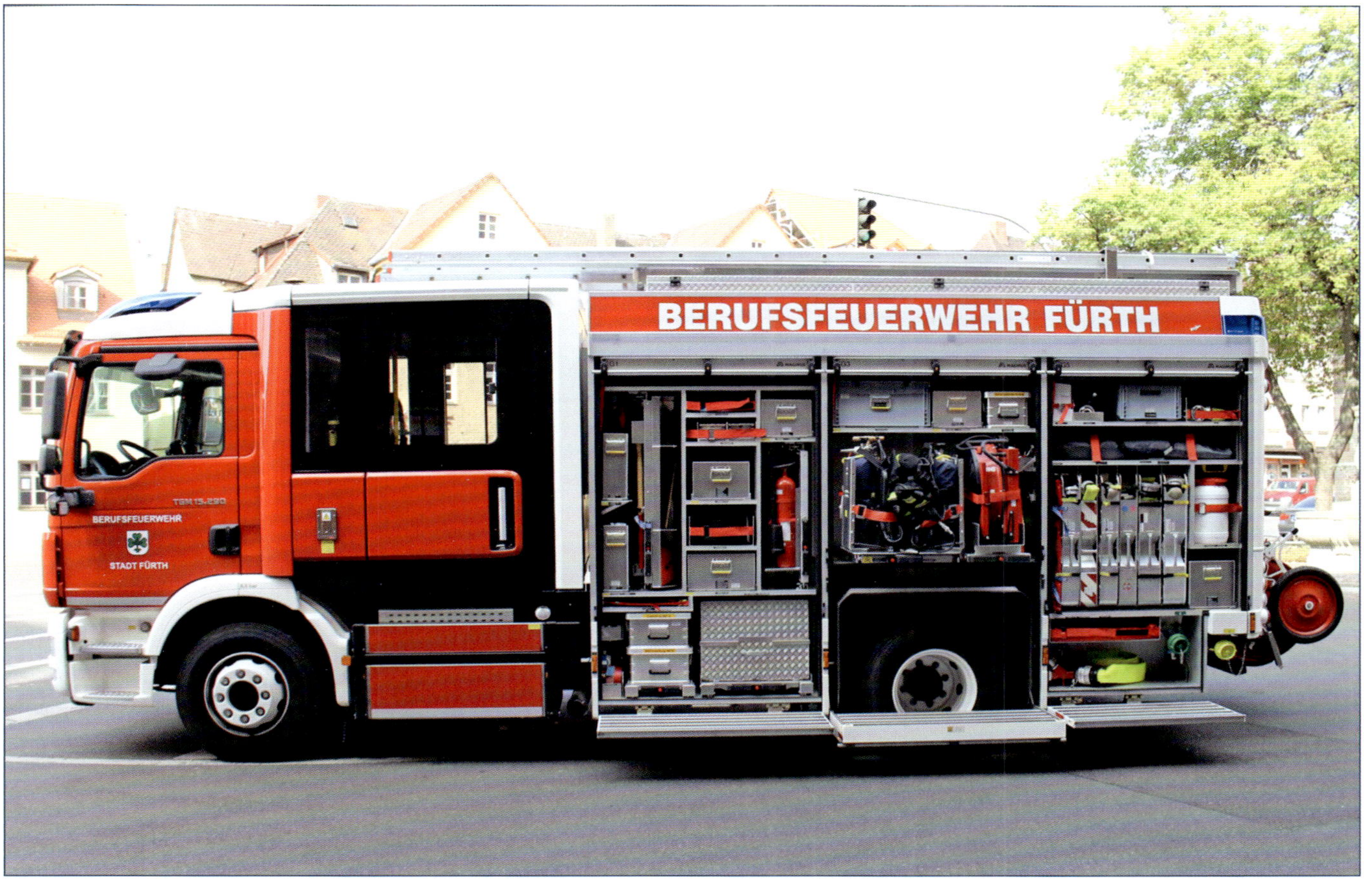
BERUFSFEUERWEHR FÜRTH
TGM 15.290
BERUFSFEUERWEHR
STADT FÜRTH

## LF-KatS

Kennzeichen: FÜ-FW 1181
Hersteller: Mercedes-Benz Atego 1323 AF
Baujahr: 2015

Funkrufname: Fürth 16/41/1 (Stadeln)

Aufbau: Ziegler

Motor: 6 Zyl. Reihe Diesel
Motorleistung: 230 PS
Hubraum: 5132 ccm

Gesamtgewicht: 13000 kg
Länge: 7230 mm
Breite: 2500 mm
Höhe: 3300 mm

Ausstattung:
Wassertank: 1000 l
Schaummittel: 120 l (Kanister)
Stromerzeuger: 5 kVA
Beleuchtungssatz
Kettensäge (Benzin)
Tauchpumpe
Faltbehälter: 5000 l

## LF-KatS

Kennzeichen: FÜ-FW 1180
Hersteller: Mercedes-Benz Atego 1323 AF
Baujahr: 2016

Funkrufname: Fürth 6/41/1
(Burgfarrnbach)

Aufbau: Ziegler

Motor: 6 Zyl. Reihe Diesel
Motorleistung: 230 PS
Hubraum: 5132 ccm

Gesamtgewicht: 13000 kg
Länge: 7230 mm
Breite: 2500 mm
Höhe: 3300 mm

Ausstattung:
Wassertank: 1000 l
Schaummittel: 120 l (Kanister)
Stromerzeuger: 5 kVA
Beleuchtungssatz
Kettensäge (Benzin)
Tauchpumpe
Faltbehälter: 5000 l

## LF 25 / GLG

Kennzeichen: FÜ-2063
Hersteller: Mercedes-Benz L 4500 F
Baujahr: nicht bekannt
a. Dienst: nicht bekannt

Aufbau: Klöckner Humbold Deutz

Motor: 6 Zyl. Diesel
Motorleistung: 120 PS
Hubraum: 7274 ccm

Gesamtgewicht: 10960 kg
Länge: 8455 mm
Breite: 2350 mm
Höhe: 2800 mm

Ausstattung:
Löschwassertank: 1500 l
Pumpe: 2500 l/min

## LF 25 / GLG

Kennzeichen: FÜ-2045 AB 656852
Hersteller: Mercedes-Benz L 3500 O
Baujahr: 1937
a. Dienst: nicht bekannt

Aufbau: Metz

Motor: 6 Zyl. Diesel
Motorleistung: 120 PS
Hubraum: 7274 ccm

Gesamtgewicht: 10960 kg
Länge: 8455 mm
Breite: 2350 mm
Höhe: 2800 mm

Ausstattung:
Löschwassertank: 1500 l
Pumpe: 2500 l/min

## LF 25 / GLG

Kennzeichen: FÜ-2044; AB 656848
Hersteller: Mercedes-Benz LO 3500
Baujahr: 1937
a. Dienst: 1967

Aufbau: Metz

Motor: 6 Zyl. Diesel
Motorleistung: 120 PS
Hubraum: 7274 ccm

Gesamtgewicht: 10960 kg

Ausstattung:
Löschwassertank: 1500 l
Pumpe: 2500 l/min

Löschzug 1950er Jahre (LF 25, DL 30, TLF 16)

## TLF 8/8 ZB

Kennzeichen: FÜ-8006
Hersteller: Mercedes-Benz U 404 S
Baujahr: nicht bekannt
a. Dienst: nicht bekannt

(Dambach)

Aufbau: Magirus

Motor: 6 Zyl. Benzin
Motorleistung: 60 kW
Hubraum: 2181 ccm

Gesamtgewicht: 5000 kg
Länge: 5030 mm
Breite: 2150 mm
Höhe: 2290 mm
Radstand: 2900 mm

Baugleich:

Kennzeichen: FÜ-8005
(Poppenreuth / Atzenhof)
Kennzeichen: FÜ-8007
Kennzeichen: FÜ-8002

Das TLF 8/8 (FÜ-8006) wurde von der BF Fürth zeitweise als Wasserrettungsfahrzeug eingesetzt

## TLF 15/49

Kennzeichen: FÜ-2041; AB 658 600
Hersteller: Magirus S 3000
Baujahr: 1949
a. Dienst: 1968

Aufbau: Magirus

Motor: 4 Zyl. Reihe Diesel
Motorleistung: 80 PS
Hubraum: 5322 ccm

Gesamtgewicht: nicht bekannt
Länge: 6100 mm
Breite: 2250 mm
Höhe: 2330 mm

Ausstattung:
FP 15/8
Löschwassertank: 2400 l

## TLF 16

Kennzeichen: FÜ-2100
Hersteller: Mercedes-Benz 311 LAF
Baujahr: 1956
a. Dienst: nicht bekannt

(Poppenreuth)

Aufbau: Metz

Motor: 6 Zyl. Reihe Diesel
Motorleistung: 100 PS
Hubraum: 4580 ccm

Gesamtgewicht: 7000 kg

Ausstattung:
FP 16/8
Löschwassertank: 2400 l

## TLF 16

Kennzeichen: FÜ-2103
Hersteller: Mercedes-Benz 1113 LAF
Baujahr: 1965
a. Dienst: nicht bekannt

Funkrufname: Fürth 40/1

Aufbau: Bachert

Motor: 6 Zyl. Reihe Diesel
Motorleistung: 130 PS
Hubraum: 5675 ccm

Gesamtgewicht: 11000 kg
Länge: 7200 mm
Breite: 2500 mm
Höhe: 2450 mm
Radstand: 3600 mm

Ausstattung:
Wassertank: 2500 l
Schaummittel: 120 l (Kanister)
FP 16/8

## TLF 16

Kennzeichen: FÜ-2046
Hersteller: Mercedes-Benz 1113 LAF
Baujahr: 1974
a. Dienst: 2008

Funkrufname: Fürth 16/21/1 (Vach)

Aufbau: Bachert

Motor: 6 Zyl. Reihe Diesel
Motorleistung: 130 PS
Hubraum: 5675 ccm

Gesamtgewicht: 11000 kg

Ausstattung:
Wassertank: 2400 l
Schaummittel: 120 l (Kanister)

## TLF 16/25

Kennzeichen: FÜ-2213
Hersteller: Mercedes-Benz 1222 AF
Baujahr: 1986
a. Dienst: 2013

Funkrufname: Fürth 8/21/1 a.D. (Stadt)

Aufbau: Ziegler

Motor: 6 Zyl. V Diesel
Motorleistung: 216 PS
Hubraum: 10960 ccm

Länge: 6900 mm
Breite: 2480 mm
Höhe: 3000 mm
Radstand: 3600 mm

Ausstattung:
Wassertank: 2500 l
Schaummittel: 120 l (Kanister)

## TLF 24/50

Kennzeichen: FÜ-2175
Hersteller: Mercedes-Benz 1628
Baujahr: 1980
a. Dienst: 2003

Funkrufname: Fürth 1/23/1

Aufbau: Bachert

Motor: 6 Zyl. V Diesel
Motorleistung: 241 PS
Hubraum: 14517 ccm

Gesamtgewicht: 16000 kg
Länge: 7000 mm
Breite: 2500 mm
Höhe: 3100 mm
Radstand: 3800 mm

Ausstattung:
FP 24/8
Wassertank: 5000 l
Schaummittel: 500 l
Schaum-Wasserwerfer

Dachstuhlbrand an der Stadtgrenze Nürnberg/Fürth. Gemeinsamer Einsatz der BF Fürth und Nürnberg (Höfener Straße 1957)

GLG mit Schlauchwagen, Brand am Müllplatz (Vacher Straße 1963)

## TLF 24/50-SL

Kennzeichen: FÜ-2350
Hersteller: MAN 19.314 FE 4X4
Baujahr: 2003

Funkrufname: Fürth 1/23/1

Aufbau: Ziegler

Motor: 8 Zyl. Diesel
Motorleistung: 310 PS
Hubraum: 11967 ccm

Gesamtgewicht: 18000 kg
Länge: 7600 mm
Breite: 2500 mm
Höhe: 2400 mm

Ausstattung:
Wassertank: 4800 l
Schaummitteltank: 600 l
Pulverlöschanlage: 250 kg (Minimax)
2 Schnellangriffe für Pulver
1 Schnellangriff für Wasser
Wasser-Schaumwerfer
Hitzeschutzkleidung
CAFS Power Foam Pro (Ziegler)
FP Ziegler 24/8

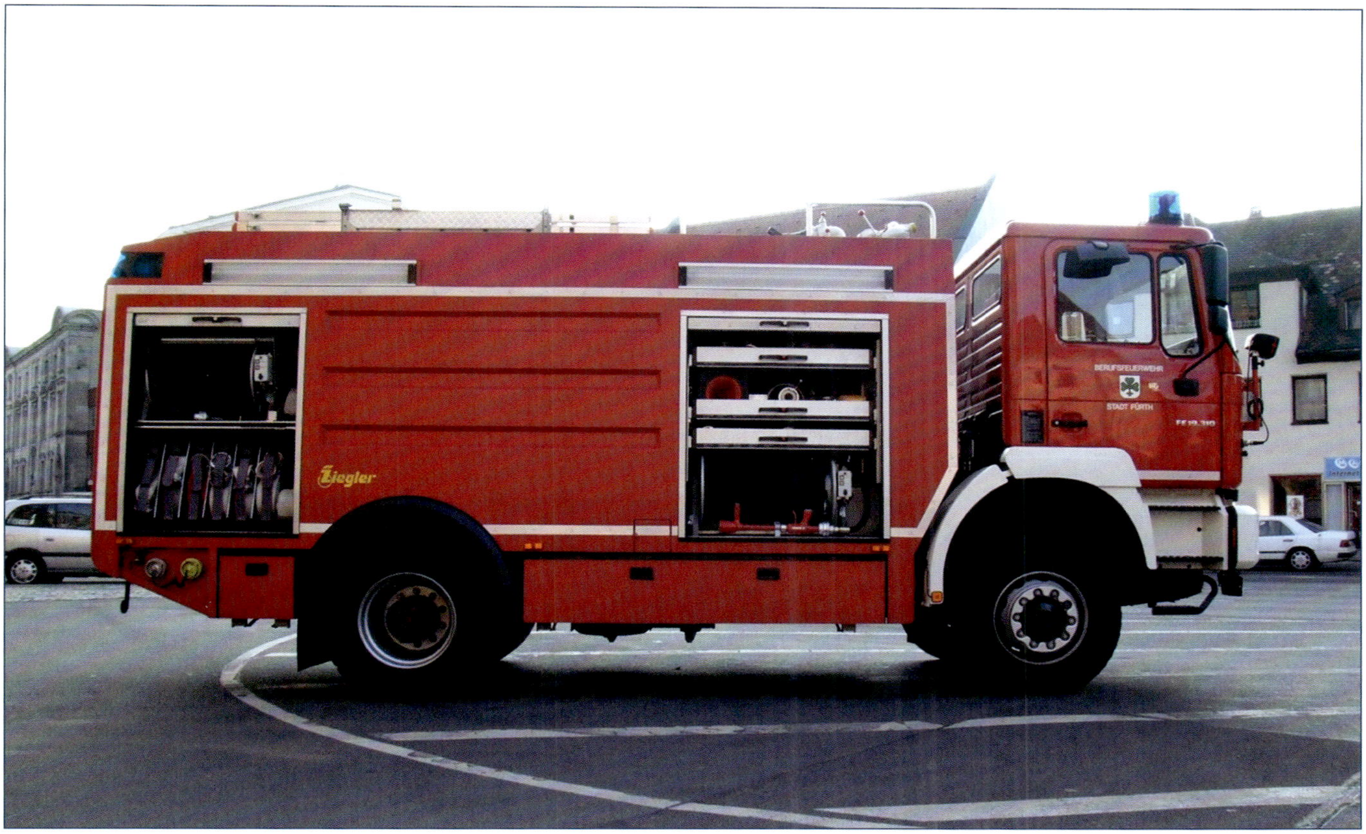
Ziegler

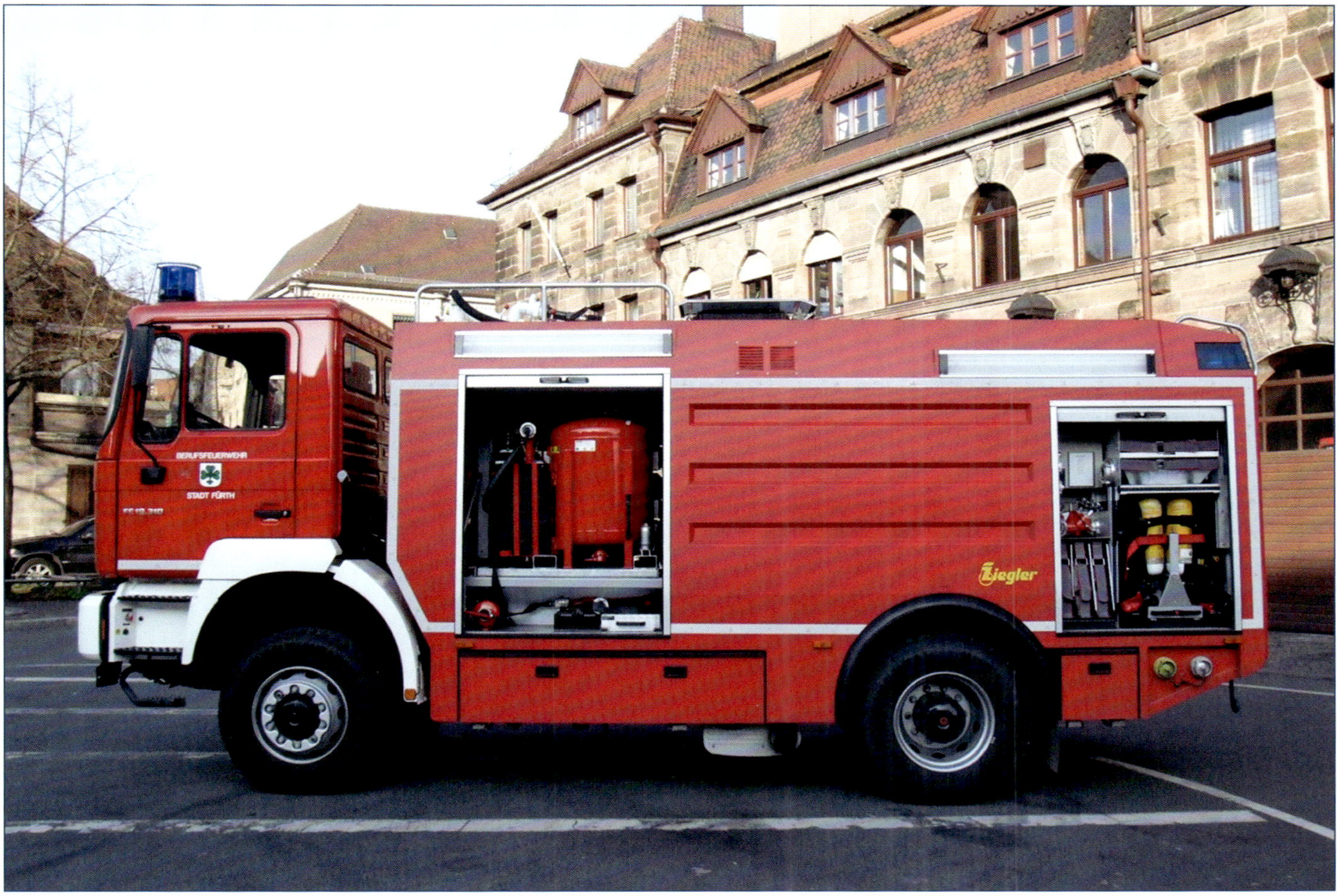
BERUFSFEUERWEHR
STADT FÜRTH
Ziegler

Während der Michaelis-Kirchweih (die größte Straßenkirchweih in Süddeutschland) unterhält die Feuerwehr Fürth seit 1957 eine temporäre Kirchweihwache in der Fürther Südstadt. Zuerst am Lohnert Sportplatz (Bild oben), seit 2014 im Infra-Busdepot (unten). Während der Betriebszeiten besetzen acht Feuerwehrbeamte der Freischicht ein HLF und eine DLK

**DL 25 Typ K 20**

Kennzeichen: IIN-49584; AB 656847
Hersteller: Magirus
Baujahr: 1924
a. Dienst: 1955

Funkrufname:

Aufbau:

Motor: Diesel
Motorleistung: 70 PS
Hubraum:

Gesamtgewicht: 7550 kg

Ausstattung:
Leiterlänge: 25 m

KONSUM

1955 die letzte Fahrt

## KL 27

Kennzeichen: AB 656850; FÜ-2106
Hersteller: Mercedes-Benz LoD 3750
Baujahr: 1934
a. Dienst: 1965

Aufbau: Metz

Motor: 6 Zyl. Diesel
Motorleistung: 100 PS
Hubraum: 7270 ccm

Gesamtgewicht: 10000 kg
Länge: 8700 mm
Breite: 2000 mm
Höhe: 2800 mm

## DL 27

Kennzeichen: FÜ-2106
Hersteller: Mercedes-Benz 1113 LF
Baujahr: 1965
a. Dienst: nicht bekannt

Funkrufname: nicht bekannt

Leiterpark von KL 27 übernommen
Aufbau: Metz

Motor: 6 Zyl. Reihe Diesel
Motorleistung: 126 PS
Hubraum: 5675 ccm

Gesamtgewicht: 10500 kg
Länge: 7875 mm
Radstand: 4830 mm
Breite: 2380 mm
Höhe: 2430 mm ohne Leiterpark

## DL 30

DL 30
Kennzeichen: FÜ-2043
Hersteller: Mercedes Benz L 329
Baujahr: 1955
a. Dienst: 1975

Funkrufname: nicht bekannt

Aufbau: Metz

Motor: 6 Zyl. Reihe Diesel
Motorleistung: 145 PS
Hubraum: 8276 ccm

Gesamtgewicht: 12500 kg

Kfz-Hebe- und Montierbühnen im Hof der Feuerwache

Rettungsschlauch: In den 1950er Jahren nahm die BF-Fürth einen Rettungsschlauch in Dienst. Mit diesem Rettungsgerät konnten in sehr kurzer Zeit mehrere Menschen gerettet werden. Mitgeführt wurde der Schauch in einer umgebauten Haspel, am Heck der Drehleiter.

## DL 30 h

Kennzeichen: FÜ-2130
Hersteller: Mercedes-Benz 1519 LF
Baujahr: 1975
a. Dienst: 1984

Funkrufname: Fürth 30/1

Aufbau: Metz

Motor: 6 Zyl. Reihe Diesel
Motorleistung: 192 PS
Hubraum: 8660 ccm

Gesamtgewicht: 13500 kg
Länge: 9500 mm
Breite: 2500 mm
Höhe: 3100 mm
Radstand: 4830 mm

## DLK 23/12

Kennzeichen: FÜ-2080
Hersteller: Mercedes-Benz 1419 F
Baujahr: 1984
a. Dienst: 2005

Funkrufname: Fürth 30/1

Aufbau: Metz

Motor: 4 Zyl. Diesel
Motorleistung: 192 PS
Hubraum: 9570 ccm

Gesamtgewicht: 14000 kg
Länge: 9420 mm
Breite: 2500 mm
Höhe: 3300 mm
Radstand: 4200 mm

## DLK 23/12

Kennzeichen: FÜ-2319
Hersteller: Mercedes-Benz 1524 F
Baujahr: 1994
a. Dienst: nicht bekannt

Funkrufname: Fürth 1/30/2 a.D.

Aufbau: Metz PLC III

Motor: 6 Zyl. Reihe Diesel
Motorleistung: 241 PS
Hubraum: 5958 ccm

Gesamtgewicht: 14000 kg
Radstand: 4190 mm

## DLK 23/12

Kennzeichen: FÜ-2304
Hersteller: MAN 15.280 LE
Baujahr: 2005

Funkrufname: Fürth 1/30/2

Aufbau: Magirus
Motor: 6 Zyl. Reihe Diesel
Motorleistung: 280 PS
Hubraum: 6871 ccm

Leergewicht: 5600 kg
Gesamtgewicht: 15000 kg
Länge: 9750 mm
Breite: 2500 mm
Höhe: 3220 mm

Ausstattung:
Rettungskorb: Magirus
Tragkraft: 270 kg
Beladung:
Drucklüfter: Tempest
Drucklüfter: Godiva
Sprungpolster: System Lorsbach
Stromerzeuger: 13 kVA
Krankentragehalterung: Seilflaschenzug

## DLA(K) 23/12 Vario

Kennzeichen: FÜ-FW 1030
Hersteller: MAN TGM 15.290
Baujahr: 2014

Funkrufname: Fürth 1/30/1

Aufbau: Magirus

Motor: 6 Zyl. Diesel
Motorleistung: 290 PS
Hubraum: 6871 ccm

Gesamtgewicht: 15500 kg
Länge: 10040 mm
Breite: 2500 mm
Höhe: 3360 mm
Radstand: 4775 mm

Ausstattung:
Rettungskorb: Magirus RC 300
Tragkraft: 300 kg

Beladung nach DIN EN 14043

Oben: Verkehrsunfall (1954)

Unten: Verladeübung des RKW 10

Rechts: Verkehrsunfall eines US-Army-Lkw (Mitte 1960er Jahre)

## Klaf

Kennzeichen: FÜ-2136
Hersteller: Mercedes-Benz 407 D
Baujahr: nicht bekannt
a. Dienst: nicht bekannt

Funkrufname: Fürth 65/1 a.D.

Ausbau: Eigen

Motor: 4 Zyl. Reihe Diesel
Motorleistung: 72 PS
Hubraum: 2399 ccm

Länge: 5160 mm
Breite: 2015 mm
Höhe: 2425 mm
Radstand: 2950 mm

## Klaf

Kennzeichen: FÜ-2164
Hersteller: Mercedes-Benz 609 D T 2
Baujahr: nicht bekannt
a. Dienst: nicht bekannt

Funkrufname: Fürth 65/1

Ausbau: Eigen

Motor: 4 Zyl. Reihe Diesel
Motorleistung: 86 PS
Hubraum: 3972 ccm

Gesamtgewicht: 5600 kg
Länge: 6330 mm
Breite: 2190 mm
Höhe: 2640 mm
Radstand: 3700 mm

## Klaf

Kennzeichen: FÜ-2339
Hersteller: Mercedes-Benz Vario 815 D
Baujahr: 2001
a. Dienst: 2009

Funkrufname: Fürth 1/65/1 a.D.

Aufbau: Hensel

Motor: 4 Zyl. Reihe Diesel
Motorleistung: 150 PS
Hubraum: 4249 ccm

Gesamtgewicht: 7490 kg
Länge: 5450 mm
Breite: 2190 mm
Höhe: 2640 mm
Radstand: 3150 mm

Ausstattung:
Geräte zur einfachen technischen Hilfeleistung
Türöffnungsmaterial
Insekteneinsätze
Ölspurbeseitigung

## Klaf

Kennzeichen: FÜ-FW 1065
Hersteller: Mercedes-Benz Vario 816 D, T2W
Baujahr: 2009
a. Dienst: 2018

Funkrufname: Fürth 1/65/1 a.D.

Aufbau: Hensel

Motor: 4 Zyl. Reihe Diesel
Motorleistung: 156 PS
Hubraum: 4249 ccm

Gesamtgewicht: 7490 kg
Länge: 5215 mm
Breite: 2325 mm
Höhe: 2395 mm
Radstand: 3150 mm

Ausstattung:
Mehrzweckleiter
umfangreiche Kleinwerkzeuge
Türöffnungswerkzeug
Notfallrucksack
Verkehrssicherungsmaterial
Ölbindemittel
Auffangwannen
Aufbewahrungsfässer für Ölbinder
Wassersauger
Tauchpumpe
Kettensäge
Insektenschutzanzüge
Transportboxen für Bienen, Wespen und Hornissen

## Klaf

Kennzeichen: FÜ-FW 1065
Hersteller: Iveco Daily 70 C 18
Baujahr: 2018

Funkrufname: Fürth 1/65/1

Aufbau: Magirus (Lohr)

Motor: 4 Zyl. Diesel
Motorleistung: 180 PS
Hubraum: 2998 ccm

Leergewicht: 4175 kg
Gesamtgewicht: 7200 kg
Länge: 6150 mm
Breite: 2220 mm
Höhe: 2900 mm
Radstand: 4350 mm

Ausstattung:
Türöffnungswerkzeug
Wassersauger
Notfallkoffer
Ölbindemittel

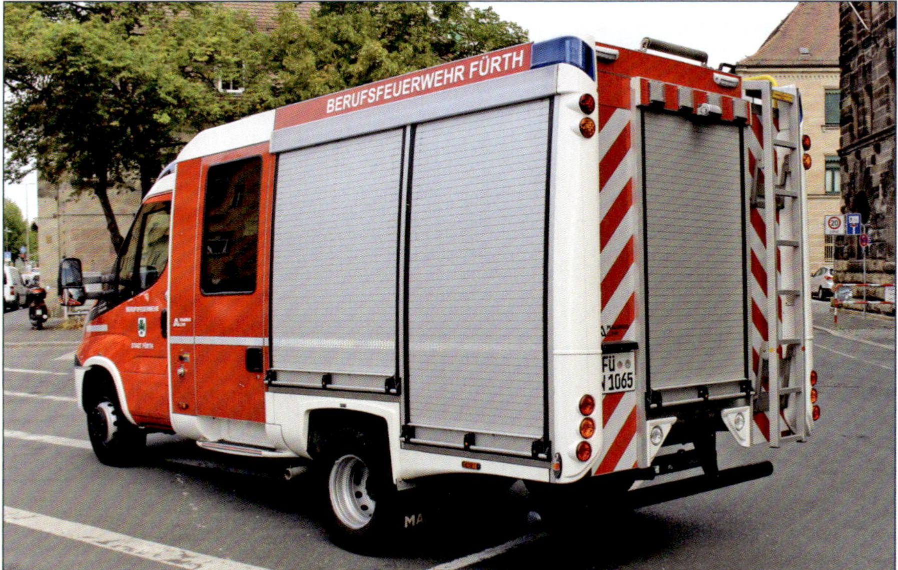

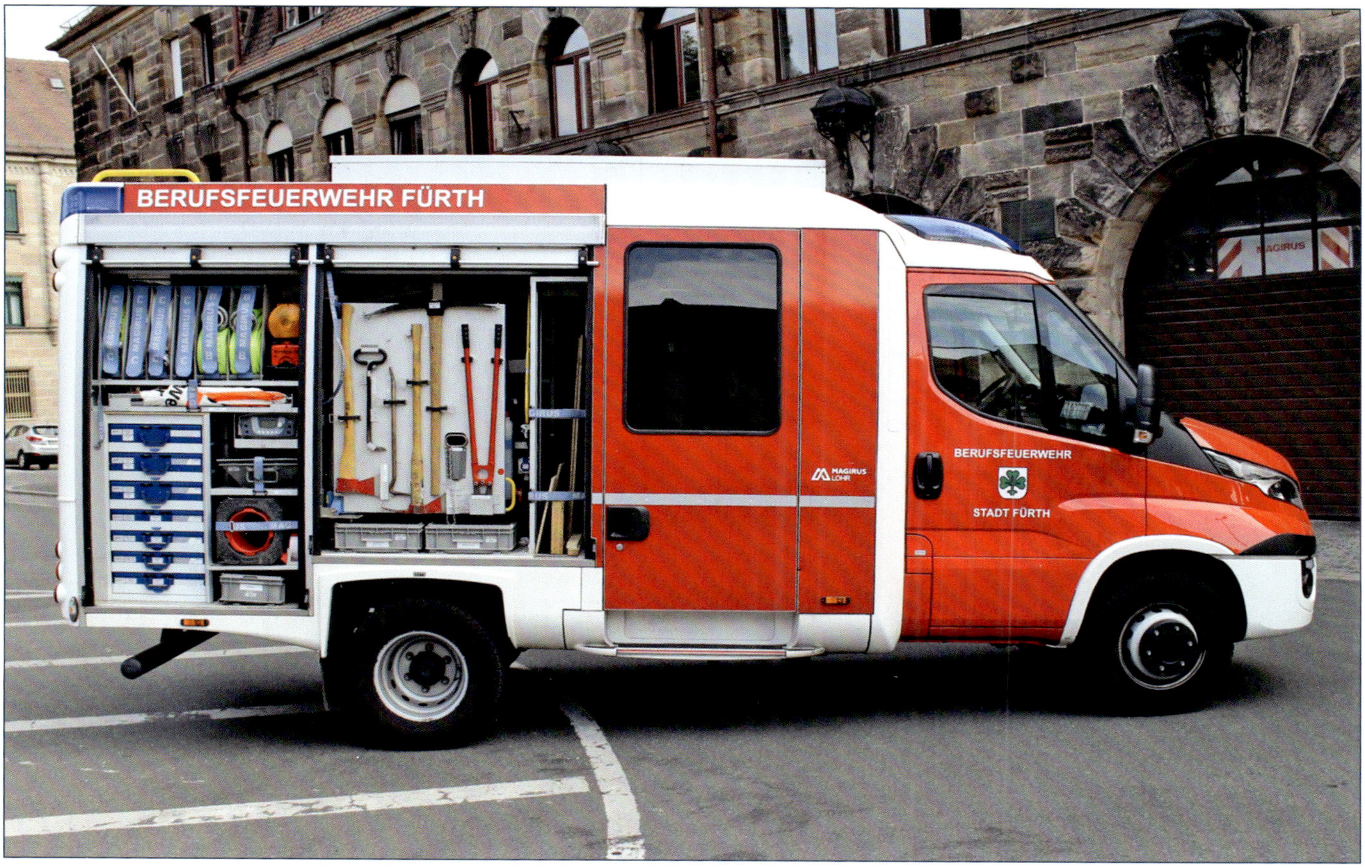
BERUFSFEUERWEHR FÜRTH
BERUFSFEUERWEHR
STADT FÜRTH

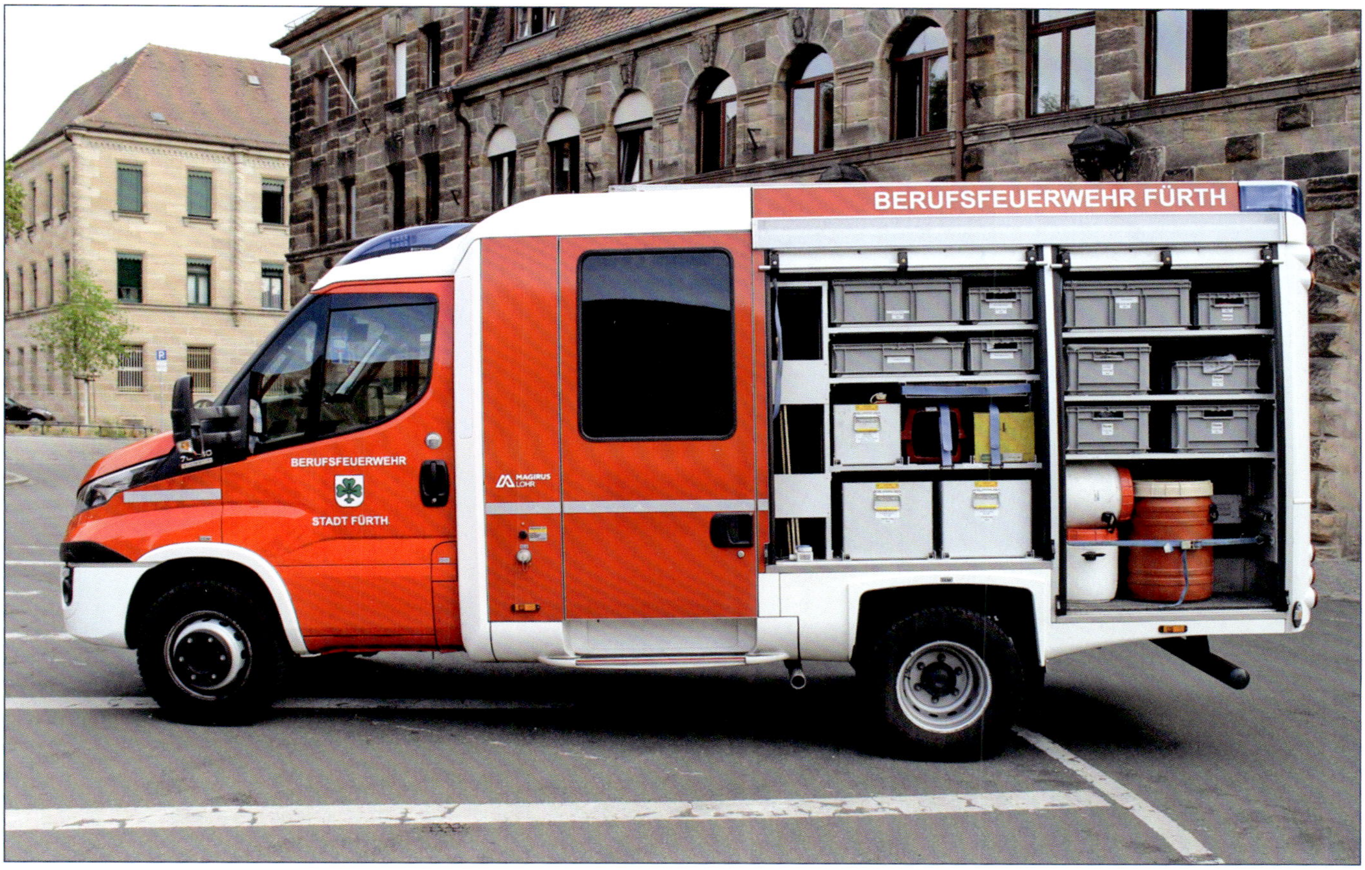
BERUFSFEUERWEHR FÜRTH
BERUFSFEUERWEHR
STADT FÜRTH

## RKW 10
## Rüstkranwagen (R 10)

Kennzeichen: FÜ-2094
Hersteller: Mercedes-Benz LA 334/46
Baujahr: 1959
a. Dienst: 1993

Funkrufname: Fürth 64/1

Aufbau: Metz

Motor: 6 Zyl. Diesel
Motorleistung: 200 PS
Hubraum: 4580 ccm

Gesamtgewicht: 15000 kg

Tragkraft Kran: 10 t
Seilwinde: 10 t

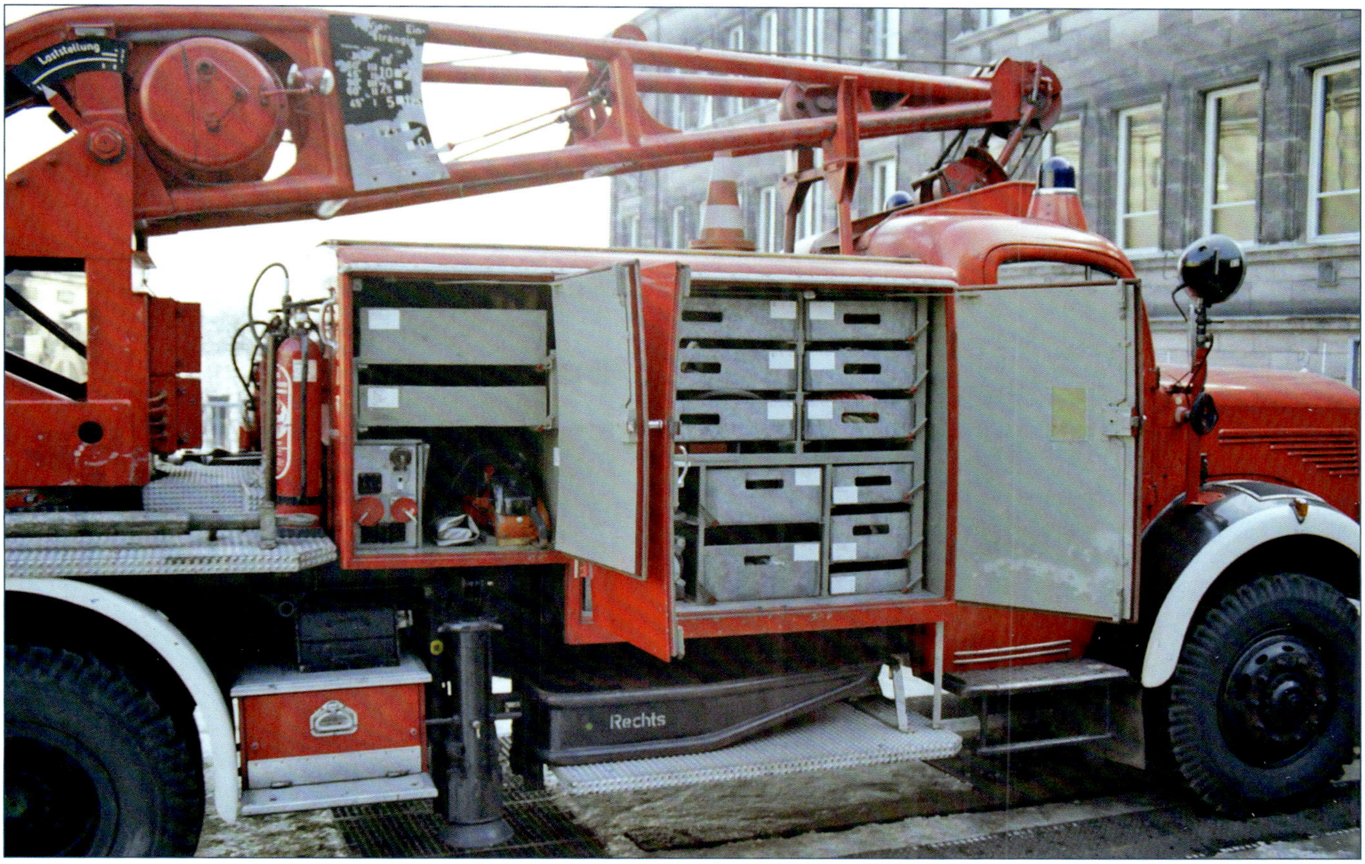
Laststellung
Rechts

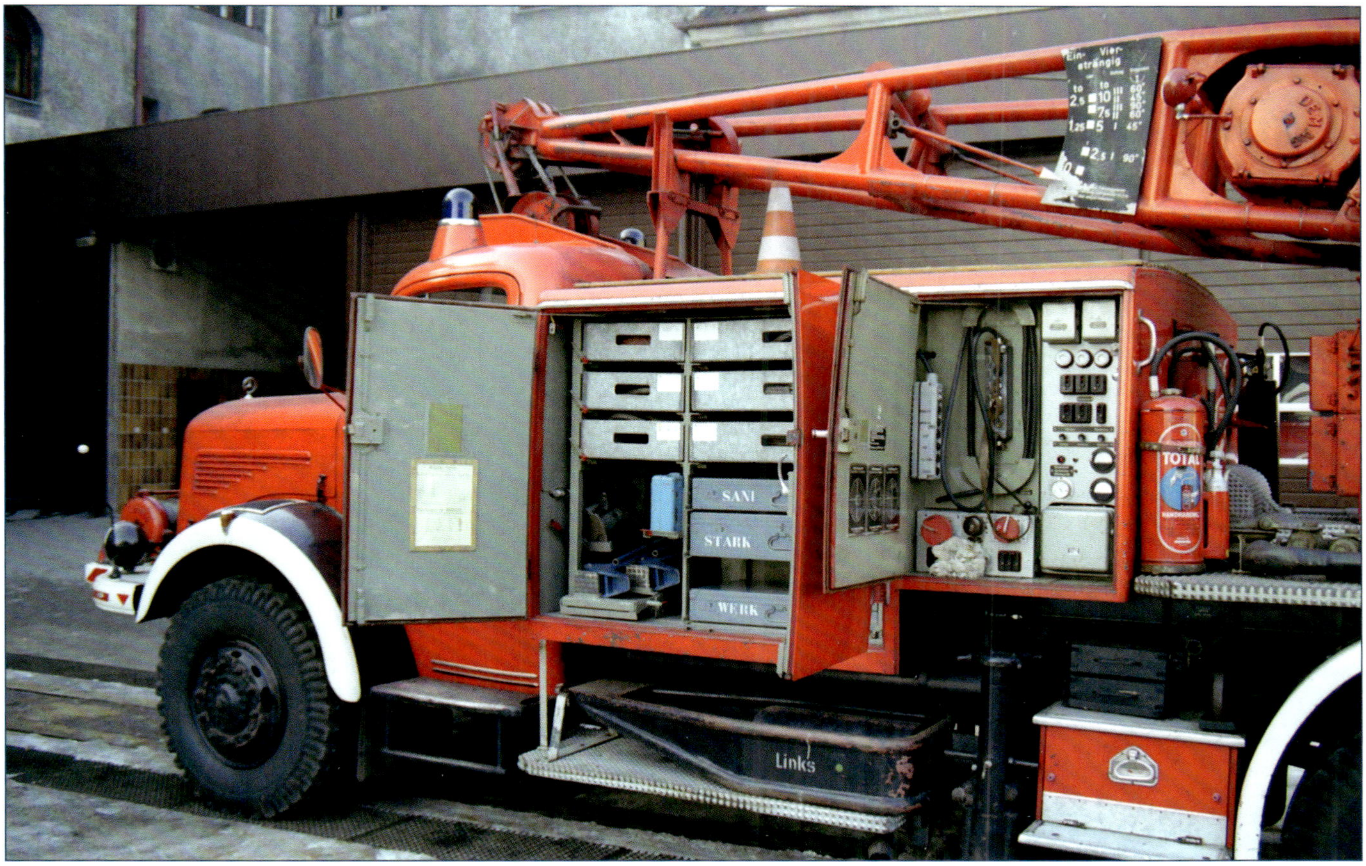
SANI
STARK
WERK
TOTAL
Links

Einsatzübung mit einem ausgemusterten Löschfahrzeug (Mitte 1960er Jahre)

## RW 2

Kennzeichen: FÜ-2129
Hersteller: Mercedes-Benz 1113 LAF
Baujahr: 1975
a. Dienst: 2003

Funkrufname: Fürth 1/61/1 a.D.

Aufbau: Bachert

Motor: 6 Zyl. Diesel
Motorleistung: 168 PS
Hubraum: 5638 ccm

Gesamtgewicht: 11000 kg
Länge: 7100 mm
Breite: 2450 mm
Höhe: 2800 mm
Radstand: 3600 mm

Ausstattung:
Stromerzeuger
Rettungssatz
Beleuchtungsgeräte

Löschzug und RW (Mitte der 1980er Jahre)

## RW 2

Kennzeichen: FÜ-2334
Hersteller: MAN 15.250 B 4x4
Baujahr: 2002

Funkrufname: Fürth 1/61/1

Aufbau: Ziegler (ALPAS)

Motor: 6 Zyl. Reihe Diesel
Motorleistung: 245 PS
Hubraum: 6871 ccm

Leergewicht: 9410 kg
Gesamtgewicht: 15000 kg
Länge: 8100 mm
Breite: 2500 mm
Höhe: 3300 mm

Ausstattung:
Frontwinde: Rotzler 80 kN
Rettungssatz: Lukas
Hebekissen: Vetter
Stromerzeuger: 13 kVA (Eisemann)
Stromerzeuger: 30 kVA
Schmutzwasserpumpe (Mast)
Rettungsplattform
Wärmebildkamera
Ölbindemittel

BERUFSFEUERWEHR
STADT FÜRTH

BERUFSFEUERWEHR
STADT FÜRTH
ME 250 B
BSKA 13
Eisemann

## RW 1

Kennzeichen: FÜ-2321
Hersteller: Mercedes-Benz U 1300 L
Baujahr: 1988

Funkrufname: Fürth 8/62/1 (Stadt)

Aufbau: Wackenhut

Motor: 6 Zyl. Diesel
Motorleistung: 136 PS
Hubraum: 5636 ccm

Leergewicht: 5900 kg
Gesamtgewicht: 7490 kg
Länge: 5540 mm
Breite: 2430 mm
Höhe: 2870 mm

Beladung:
Kettensäge mit Zubehör
Schnittschutzkleidung
Motortrennschleifer
Hydraulischer Rettungssatz
Hydraulische Winde
Stromaggregat
Pneumatisches Hebekissen
Unterbaumaterial
Diverses Handwerkzeug

## RW 1

Kennzeichen: FÜ-2320
Hersteller: Mercedes-Benz U 1300 L
Baujahr: 1988

Funkrufname: Fürth 6/62/1
(Burgfarrnbach)

Aufbau: Wackenhut

Motor: 6 Zyl. Diesel
Motorleistung: 136 PS
Hubraum: 5636 ccm

Leergewicht: 5900 kg
Gesamtgewicht: 7490 kg

Ausstattung:
Seilwinde: Werner 50 kN
Stromerzeuger
Büffelwinde
Rettungssatz

## GW-HörG (Höhenrettungs-Gruppe)

Kennzeichen: FÜ-2326
Hersteller: Mercedes-Benz 309 D TI
Baujahr: 1986
von BF München übernommen
(Ehemaliger RTW)
a. Dienst: nicht bekannt

Ausbau: Miesen

Motor: 4 Zyl. Reihe Diesel
Motorleistung: 88 PS
Hubraum: 2148 ccm

## GW-HörG (Höhenrettungs-Gruppe)

Kennzeichen: FÜ-2327
Hersteller: VW T 3
Baujahr: nicht bekannt
von WF Quelle übernommen
a. Dienst: nicht bekannt

Ausbau: Eigen

**1991–2003 GW-U**
**2003–2021 GW-HörG**
**seit 2021 GW-Ausbildung**

Kennzeichen: FÜ-2312
Hersteller: Mercedes-Benz 308 D
Baujahr: 1991

Funkrufname: Fürth 1/59/1

Aufbau: GST

Motor: 4 Zyl. Reihe Diesel
Motorleistung: 79 PS
Hubraum: 2299 ccm

Gesamtgewicht: 3500 kg
Länge: 5350 mm
Breite: 1975 mm
Höhe: 2600 mm

**GW-HörG**

Kennzeichen: FÜ-FW 1059
Hersteller: Iveco Dailiy
Baujahr: 2021

Funkrufname: Fürth 59/1

Aufbau: Magirus

Motor: 4 Zyl. Reihe Diesel
Motorleistung: 180 PS
Hubraum: 2998 ccm

Gesamtgewicht: 7000 kg
Länge: 6300 mm
Breite: 2250 mm
Höhe: 2750 mm

## WRW (Wasserrettungswagen)

Kennzeichen: FÜ-2149
Hersteller: MercedesBenz 508 D
Baujahr: 1978
a. Dienst: 2002

Funkrufname: Fürth 1/91/1 a.D.

Ausbau: Eigen

Motor: 4 Zyl. Reihe Diesel
Motorleistung: 80 PS
Hubraum: 3758 ccm

Gesamtgewicht: 4600 kg

## GW-Wasserrettung

Kennzeichen: FÜ-2342
Hersteller: Mercedes-Benz 815 Vario D
Baujahr: 2002

Funkrufname: Fürth 1/91/1

Aufbau: Hensel

Motor: 4 Zyl. Reihe Diesel
Motorleistung: 150 PS
Hubraum: 4249 ccm

Leergewicht: 5195 kg
Gesamtgewicht: 7490 kg
Länge: 7095 mm
Breite: 2205 mm
Höhe: 3100 mm
Radstand: 4250 mm

Ausstattung:
Taucherausrüstung für 6 Taucher
10 Trockentauchanzüge
Wechselkleidung
4 x 2 Flaschen PA
8 Ersatzflaschen
AHK für FwA-RTB

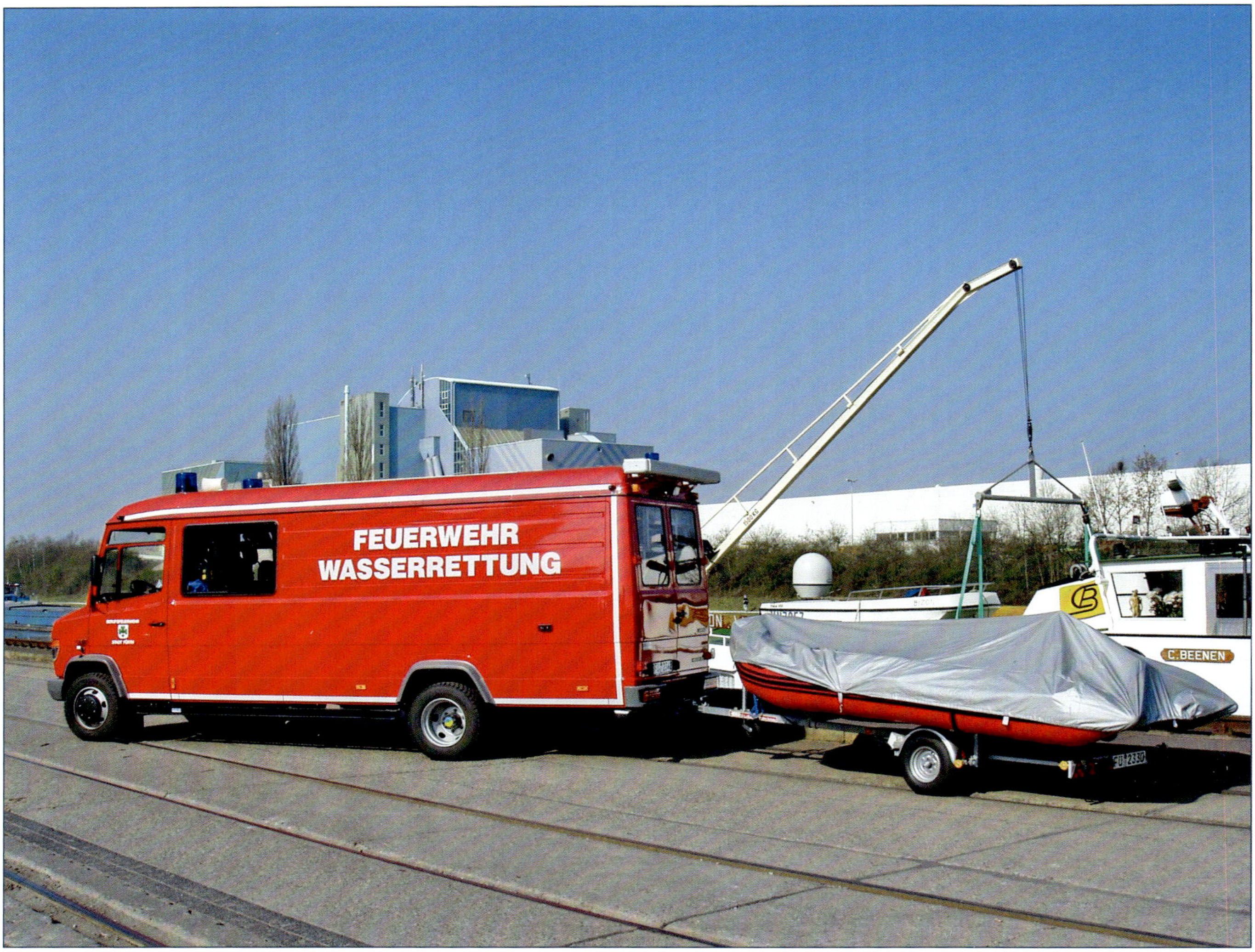

GW-Wasserrettung mit Schlauchboot

MZB 90 bei einer Vorführung im Hafen Fürth (Main-Donau-Kanal)

## SW-2000
## ab 1990 mit Sonderbeladung Atemschutz

Kennzeichen: FÜ-2310
Hersteller: Mercedes-Benz 1120 AFE
Baujahr: 1987, a. Dienst: 2023

Funkrufname: Fürth 11/58/1
(Rohnhof-Kronach)

Aufbau: Ziegler

Motor: 6 Zyl. Reihe Diesel
Motorleistung: 230 PS
Hubraum: 5917 ccm

Gesamtgewicht: 12000 kg
Länge: 7100 mm
Breite: 2500 mm
Höhe: 3100 mm

Ausstattung:
6 Langzeitatemschutzgeräte
Aussrüstung für Sicherungs- und Rettungstrupp, 28 Atemluftflaschen
Schnelleinsatzzelt, Zeltheizung
Schlauchbrücken

1120
Feuerwehr
Fürth
Ziegler

Feuerwehr
Fürth
1120
Ziegler

Ziegler
Feuerwehr
Fürth
1120

Ziegler
Feuerwehr
Fürth
1120

## GW-Atemschutz

Kennzeichen: FÜ-FW 1053
Hersteller: MAN TGL 12.200
Baujahr: 2019

Funkrufname: Fürth 1/53/1

Aufbau: Magirus

Motor: 4 Zyl. Reihe Diesel
Motorleistung: 220 PS
Hubraum: 4600 ccm

Gesamtgewicht: 12000 kg
Länge: 7400 mm
Breite: 2500 mm
Hähe: 3000 mm
Radstand: 3900 mm

Ausstattung:
Umfangreiche Beleuchtungen
Lichtmast, pneumatisch mit
6 x 24 V LED-Scheinwerfer
Lagerungen
20 Stück 1 Flaschengeräte und
20 Stück 2 Flaschengeräte
Begehbarer Umkleidebereich im Fahrzeugheck mit Wechselbekleidung inkl. Klappsitz und Standheizung
Stromerzeuger inkl. Zubehör
Verkehrssicherungsgerät
Schnelleinsatzzelt mit Bänken inkl. Beleuchtung
Ausziehbare Arbeitsfläche
Stromgenerator
Beleuchtungsgeräte
Umfangreiche Zusatzbeladung nach taktischem Bedarf

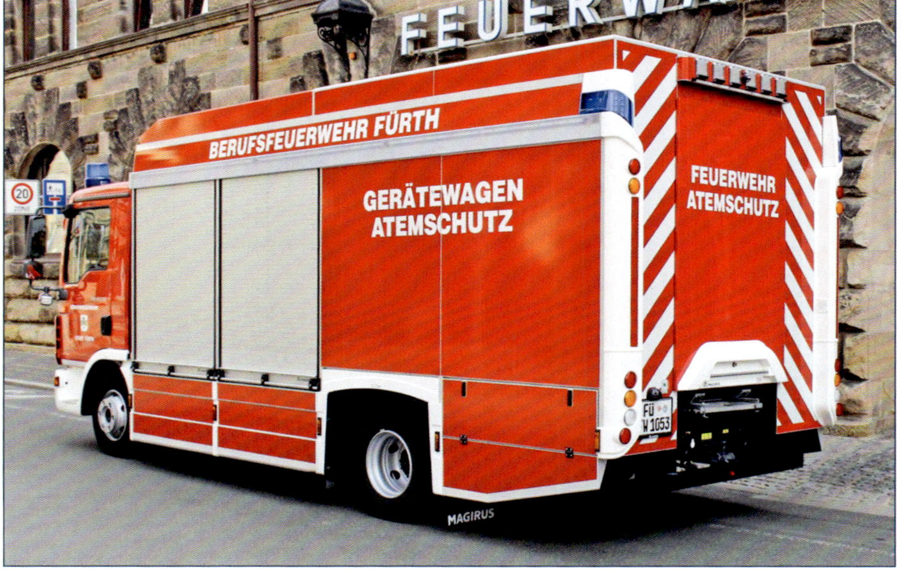

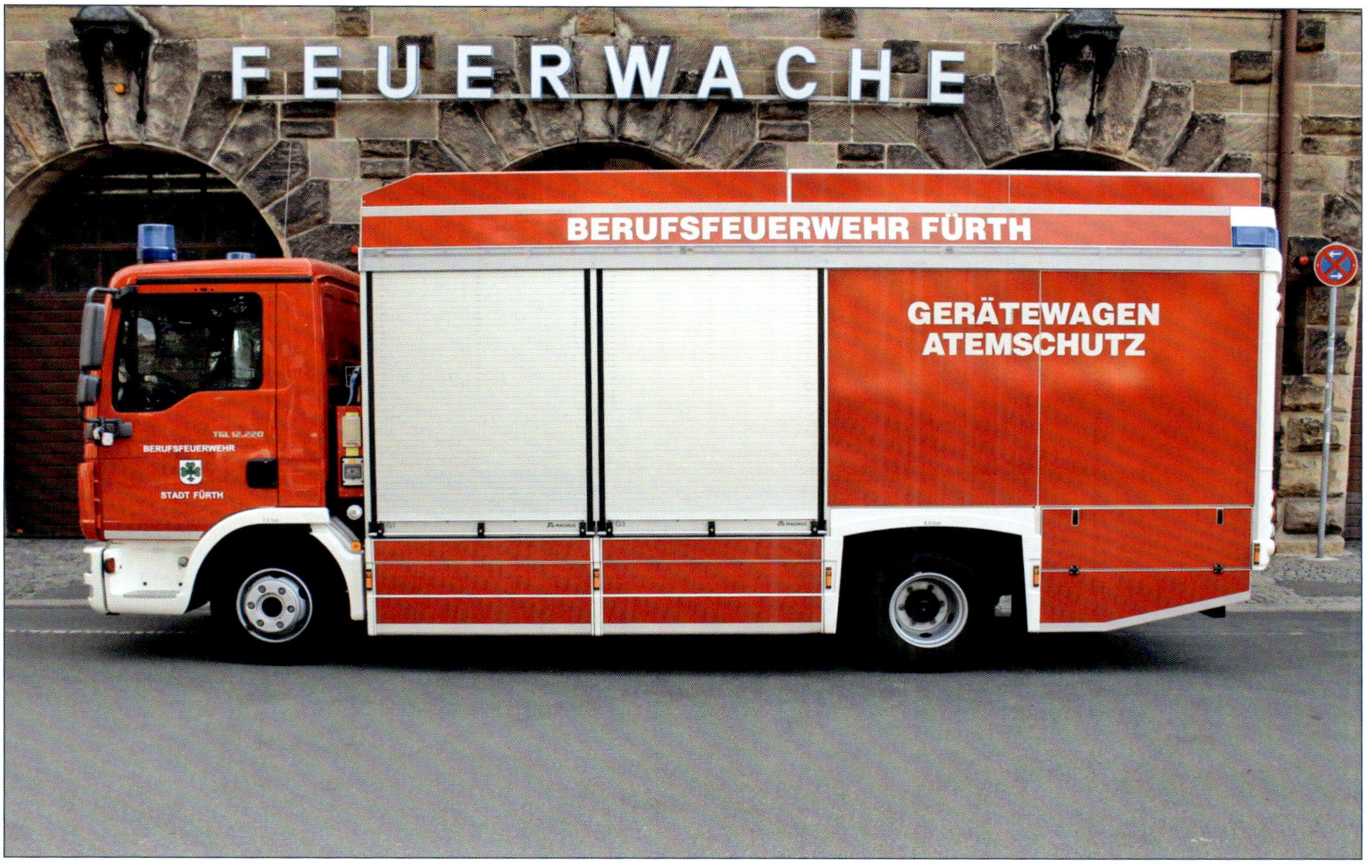

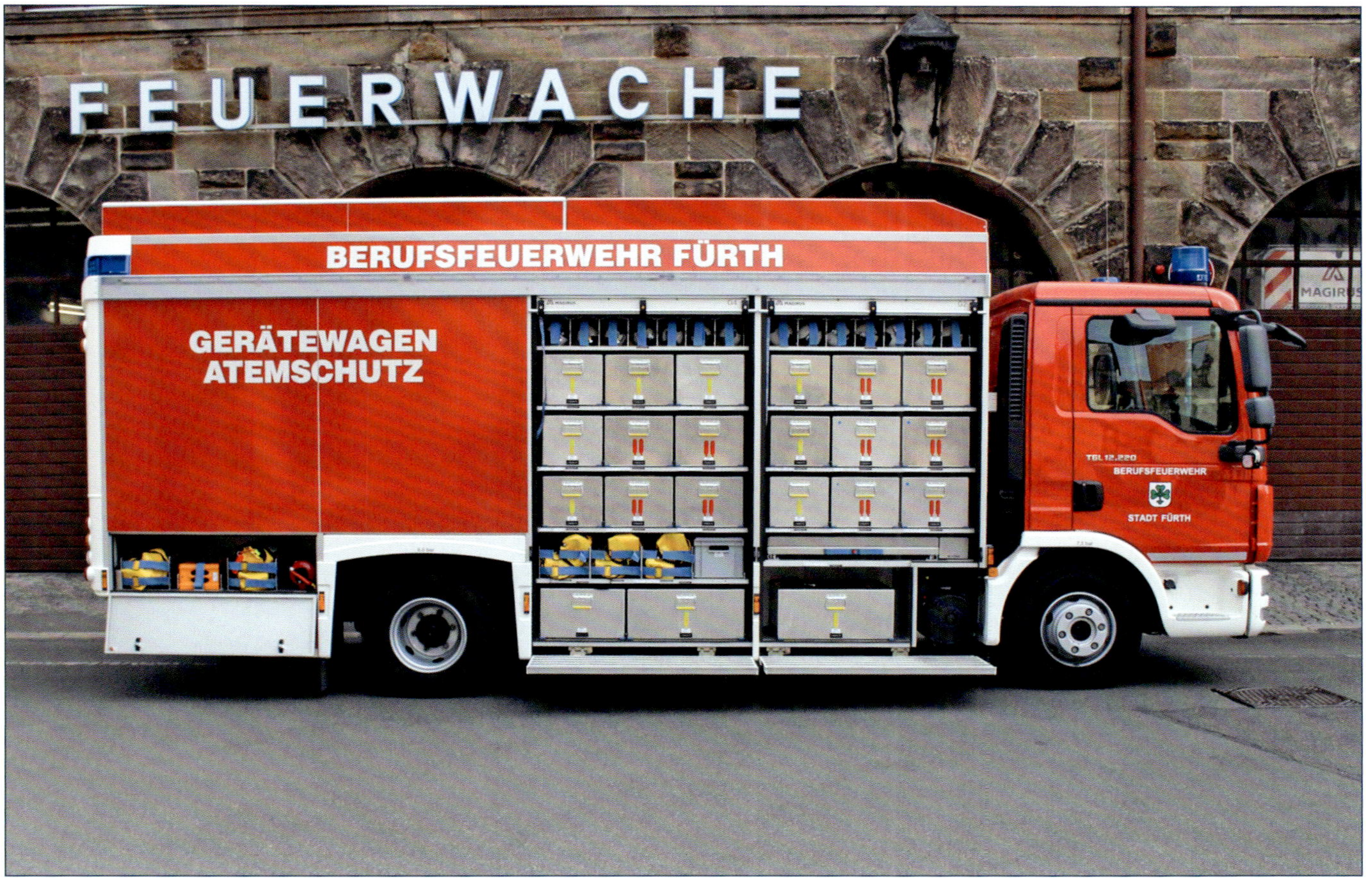

## GW-Umwelt

Kennzeichen: FÜ-2346
Hersteller: MAN LE 220
Baujahr: 2003

Funkrufname: Fürth 1/52/1

Aufbau: Ziegler (ALPAS)

Motor: 6 Zyl. Diesel
Motorleistung: 217 PS
Hubraum: 6871 ccm

Leergewicht: 6954 kg
Gesamtgewicht: 9500 kg
Länge: 7350 mm
Breite: 2500 mm
Höhe: 3300 mm

Ausstattung:
Geräte und Material zur Hilfeleistung bei Unfällen mit gefährlichen Stoffen und Gütern

BERUFSFEUERWEHR
STADT FÜRTH
Ziegler

Ziegler
BERUFSFEUERWEHR
STADT FÜRTH

## ABC Erkkw

Kennzeichen: FÜ-2333
Hersteller: VW
Baujahr: 1983

Funkrufname: Kater Fürth

Motor: 4 Zyl. Otto
Motorleistung: 70 PS
Hubraum: 1957 ccm

Leergewicht: 1910 kg
Gesamtgewicht: 2360 kg
Länge: 4570 mm
Breite: 1890 mm
Höhe: 2280 mm

## ABC Erkkw

Kennzeichen: FÜ-8096
Hersteller: Fiat
Baujahr: 1994

Funkrufname: Kater Fürth 6/99/1

Motor: 4 Zyl. Diesel
Motorleistung: 122 PS
Hubraum: 2800 ccm

Leergewicht: 2694 kg
Gesamtgewicht: 4000 kg
Länge: 5505 mm
Breite: 1998 mm
Höhe: 2665 mm

Ausstattung:
Messgeräte nach Vorgaben des BBK

## Dekon-P

Kennzeichen: FÜ-FW 1297
Hersteller: MAN L 2000 10.163 FA
Baujahr: 2014

Funkrufname: Kater Fürth 67/1

Motor: 6 Zyl. Diesel
Motorleistung: 340 PS
Hubraum: 6871 ccm

Leergewicht: 9400 kg
Gesamtgewicht: 16000 kg
Länge: 8600 mm
Breite: 2550 mm
Höhe: 3400 mm

Ausstattung:
Normbeladung
Dekontaminations-Mehrzweck-Fahrzeug

## DMF

Kennzeichen: FÜ-8102
Hersteller: MAN 13.168 HA
Baujahr: 1980
a. Dienst: 2014

Funkrufname: Kater Fürth 67/1

Aufbau: Odenwaldwerke
Elztal-Rittersheim

Motor: 5 Zyl. Diesel
Motorleistung: 168 PS
Hubraum: 9445 ccm

Gesamtgewicht: 13000 kg

Ausstattung:
Normbeladung
Dekontaminations-Mehrzweck-Fahrzeug

**SKW ZB**

Kennzeichen: FÜ-8010
Hersteller: Magirus 125 D 10 A
Baujahr: 1965
a. Dienst: nicht bekannt

Funkrufname: 50/1 (FF-Stadt)

Aufbau: Bauer

Motor: 6 Zyl. Diesel
Motorleistung: 126 PS
Hubraum: 7412 ccm

Ausstattung:
Beladung nach Vorgaben LHD

**SW 2000-Tr**

Kennzeichen: FÜ-8123
Hersteller: IvecoMagirus
FF 95 E 18 W Euro Cargo
Baujahr: 1995

Funkrufname: Fürth 5/58/1 (Atzenhof)

Aufbau: Lentner

Motor: 6 Zyl. Reihe Diesel
Motorleistung: 177 PS
Hubraum: 5861 ccm

Gesamtgewicht: 9600 kg

Ausstattung:
Beladung nach Vorgaben BBK

**LKW / Störwagen**

Kennzeichen: FÜ-2088
Hersteller: Mercedes-Benz L 311/36
Baujahr: 1959
a. Dienst: nicht bekannt

Aufbau: nicht bekannt

Motor: 6 Zyl. Reihe Diesel
Motorleistung: 100 PS
Hubraum: 4580 ccm

Gesamtgewicht: 7000 kg

## LKW

Kennzeichen: FÜ-2075
Hersteller: VW T 2 Pritsche
Baujahr: 1969
a. Dienst: nicht bekannt

Motor: 4 Zyl. Benzin
Motorleistung: 47 PS
Hubraum: 1584 ccm

Gesamtgewicht: 2300 kg

## LKW

Kennzeichen: FÜ-2066
Hersteller: Mercedes-Benz LP 608
Baujahr: nicht bekannt
a. Dienst: nicht bekannt

Funkrufname: Fürth 81/1

Motor: 4 Zyl. Reihe Diesel
Motorleistung: 80 PS
Hubraum: 3780 ccm

Gesamtgewicht: 6500 kg

## ÖSA

Kennzeichen: FÜ-??
Hersteller: nicht bekannt
Baujahr: 1965

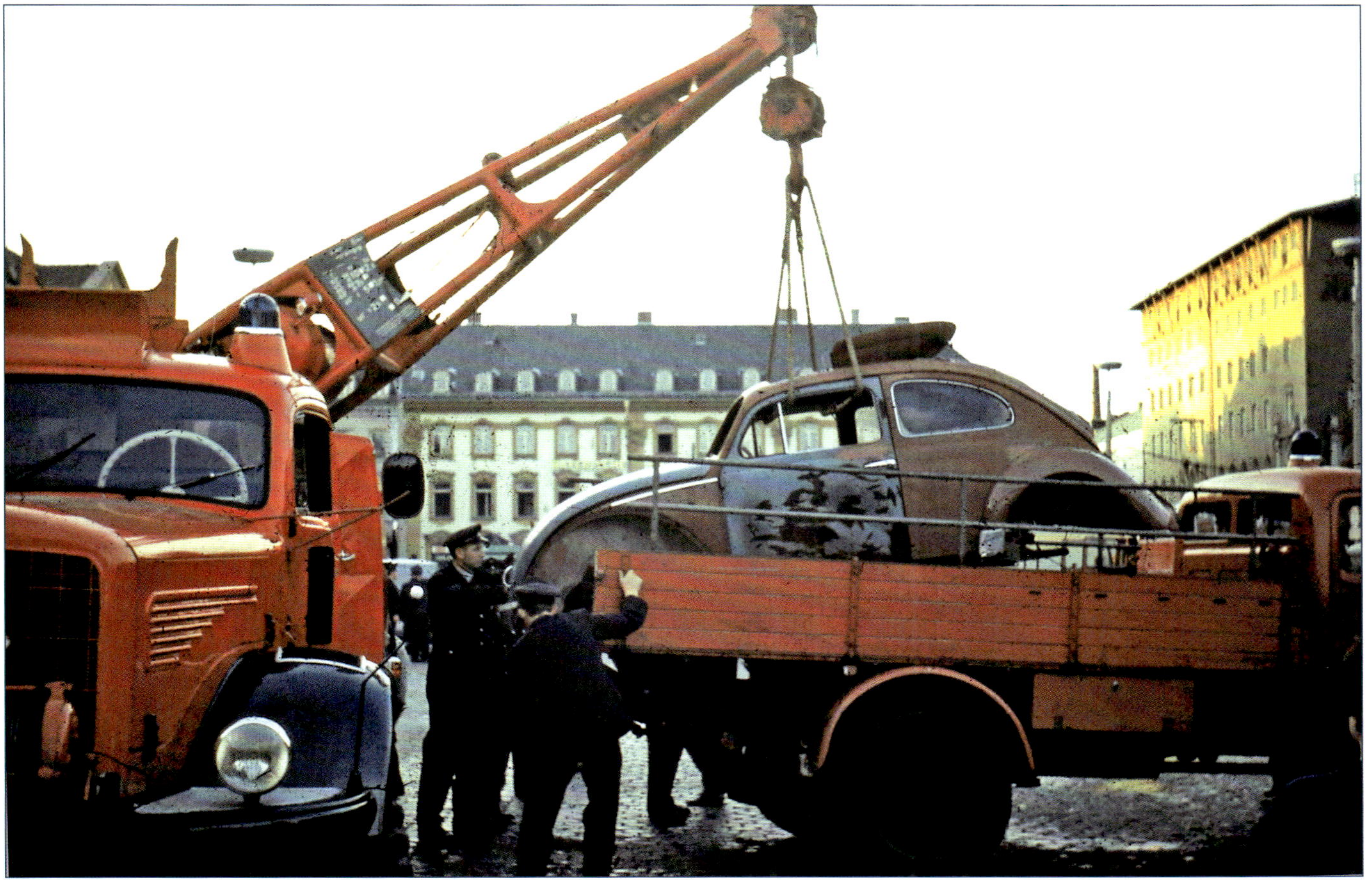

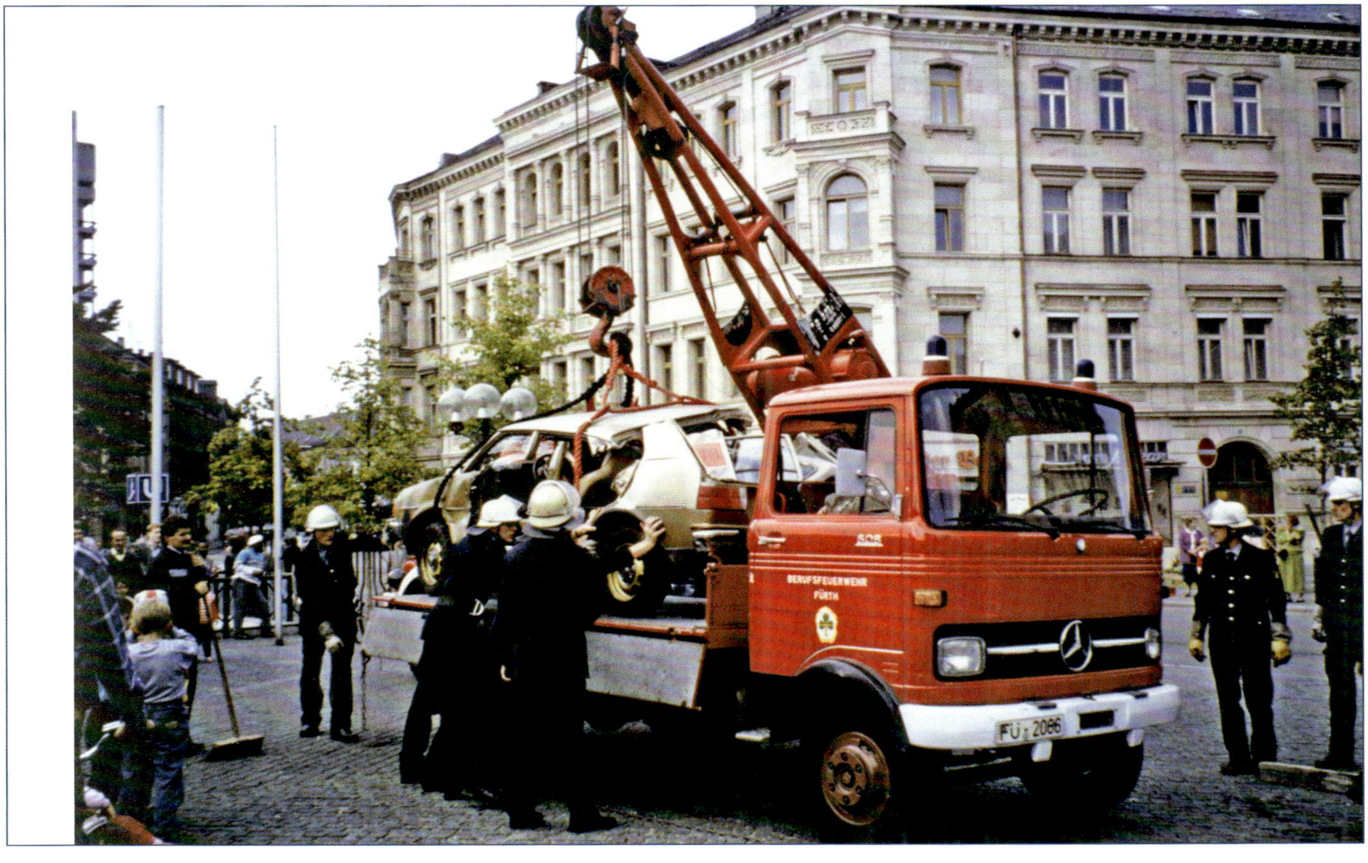
BERUFSFEUERWEHR
FÜRTH

## V-LKW (GW-Logistik)

Kennzeichen: FÜ-2343
Hersteller: MAN LE 180 C
Baujahr: 2002

Funkrufname: Fürth 1/55/1

Aufbau: Albert Fahrzeugbau

Motor: 4 Zyl. Reihe Diesel
Motorleistung: 180 PS
Hubraum: 4580 ccm

Leergewicht: 4990 kg
Gesamtgewicht: 7490 kg
Länge: 6350 mm
Breite: 2550 mm
Höhe: 3150 mm

## GW-L 1

Kennzeichen: FÜ-FW 1055
Hersteller: Iveco Daily
Baujahr: 2022

Funkrufname: Fürth 1/58/1

Aufbau: Meiller

Motor: 4 Zyl. Diesel
Motorleistung: 175 PS
Hubraum: 2998 ccm

Leergewicht: 4285 kg
Gesamtgewicht: 7200 kg
Länge: 6500 mm
Breite: 2350 mm
Höhe: 3150 mm

Ausstattung:
Ladebordwand
Hubkraft: 900 kg

## LKW-Kran

Kennzeichen: FÜ-2316
Hersteller: Mercedes-Benz 1824 AK
Baujahr: 1993

Funkrufname: Fürth 1/58/1

Aufbau: Meiller

Motor: 6 Zyl. Diesel
Motorleistung: 244 PS
Hubraum: 9572 ccm

Leergewicht: 10000 kg
Gesamtgewicht: 18000 kg
Länge: 6950 mm
Breite: 2500 mm
Höhe: 3400 mm

Ausstattung:
Ladekran: Meiller MK 106 RS
Hubkraft: 2340 kg
Max. Ausladung: 9480 mm
Hubkraft max. Ausladung: 900 kg

## WLF 1

Kennzeichen: FÜ-FW 1036
Hersteller: Scania P 500
Baujahr: 2023

Funkrufname: Fürth 36/2

Aufbau: Compoint
Köstner Fahrzeugbau
Hakensystem Palfinger

Motor: 6 Zyl. Diesel
Motorleistung: 525 PS
Hubraum: 12742 ccm

Gesamtgewicht: 26000 kg
Länge: 10558 mm
Breite: 2550 mm
Höhe: 4000 mm
Radstand: 4400 mm + 1350 mm

Ausstattung:
Palfinger Hakensystem
Palfinger Ladekran PK 37.002 TEC 7
Hubkraft: 9,1 t
max. Ausladung: 21,6 m

## WLF 2

Kennzeichen: FÜ-FW 1037
Hersteller: Scania
Baujahr: 2023

Funkrufname: Fürth 36/1

Aufbau: Compoint
Köstner Fahrzeugbau
Hakensystem Palfinger

Motor: 6 Zyl. Diesel
Motorleistung: 525 PS
Hubraum: 12742 ccm

Gesamtgewicht: 26000 kg
Länge: 8978 mm
Breite: 2550 mm
Höhe: 4000 mm
Radstand: 5200 mm + 1315 mm

Ausstattung:
Palfinger Hakensystem
Rotzler Seilwinde
Zugkraft: 5 t

## AB-Mulde

Hersteller: GSF Sonderfahrzeugbau
Baujahr: 2023

## AB-Schlauch

Hersteller: GSF Sonderfahrzeugbau
Baujahr: 2023

Ausstattung:
ca. 2400 m Schlauchmaterial
2 Rollcontainer mit 500 m B-Schläuchen,
2 Tragkraftspritzen (Ziegler Ultra Power 4)
mit Zubehör
Ausstattung für Wald- und
Vegetationsbrandbekämpfung

## Allzweckwagen

Kennzeichen: FÜ-2097; AB 656 855
Hersteller: Mercedes-Benz
Unimog U 2010
Baujahr: 1956
a. Dienst: nicht bekannt

Aufbau: nicht bekannt

Motor: 4 Zyl. Reihe Diesel
Motorleistung: 36 PS
Hubraum: 1767 ccm

Gesamtgewicht: 3250 kg
Länge: 3520 mm
Breite: 1630 mm
Höhe: 2020 mm
Radstand: 1720 mm

Ausstattung:
Vorbaupumpe: 800 l/min
Anbaugenerator: 5 KvA

## FwA-Boot

Kennzeichen: FÜ-2069
Hersteller Boot: Barro
Baujahr: 1990

Trailer: Harbeck

Leergewicht: 200 kg
Gesamtgewicht: 650 kg
Länge: 6000 mm
Breite: 1700 mm
Höhe: 1200 mm

## FwA-MZB 90

Kennzeichen: FÜ-2318
Hersteller Boot: Franz Meyer (Österreich)
Baujahr: 1993

Funkrufname: Fürth 6/99/1
(Burgfarrnbach)

Motor: Mercury 4,3 Liter V6 Benzinmotor
Leistung:

Leergewicht: 1370 kg
Zuladung: 1200 kg
Max. Beförderung: 13 Personen

Trailer: Harbeck

Leergewicht: 640 kg
Gesamtgewicht: 2200 kg
Länge: 8800 mm
Breite: 2500 mm
Höhe: 1100 mm

## FwA-RTB

Kennzeichen: FÜ-2330
Hersteller Boot: Quicksilver
Baujahr: 2001

Trailer: HEKU

Leergewicht: 83 kg
Gesamtgewicht: 450 kg
Länge: 4590 mm
Breite: 1370 mm
Höhe: 620 mm

**FwA-THL** (oben links)

Kennzeichen: FÜ-8121
Hersteller: Magirus
Baujahr: 1962
a. Dienst: nicht bekannt

**FwA-$CO_2$** (oben rechts)

4 x 30 kg $CO_2$

**FwA-$CO_2$** (Mitte)

Kennzeichen: FÜ-2331
Hersteller: Minimax
Baujahr: 1998

Gesamtgewicht: 1000 kg
Länge: 3750 mm
Breite: 1590 mm
Höhe: 1400 mm

Ausstattung:
6 x 30 kg $CO_2$

**FwA-TSA** (unten)

Kennzeichen: FÜ
nicht bekannt
Hersteller: Magirus
Baujahr: 1962
a. Dienst: nicht bekannt

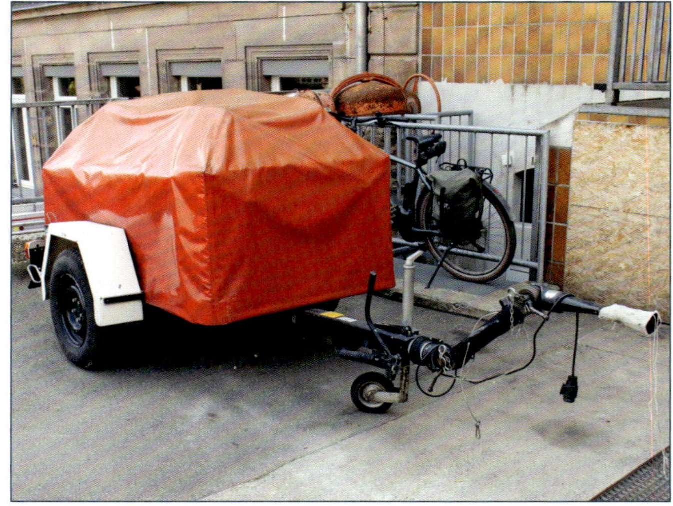

**FwA-P 250** (oben links)

Hersteller: Total

**FwA-Pulver** (oben rechts)

**FwA-Ölsperre** (Mitte links)

Kennzeichen: FÜ-2314
Hersteller: Mersch Franz
Baujahr: 1992
Aufbau: Nolte

**FwA-Mopmatic** (Mitte rechts)

Kennzeichen: FÜ-2301
Hersteller: Nolte
Baujahr: 1991
Aufbau: Nolte

**FwA-Generator** (Mitte unten)

Kennzeichen: FÜ-2217
Hersteller: Kirsch
Baujahr: 1987

**FwA-Transport** (unten)

Kennzeichen: FÜ-FW 1200
Hersteller: Algema
Baujahr: 2021

## Teleskopstapler

Hersteller: Merlo P 27/6
Baujahr: 2023

Motor: 4 Zyl. Kubota Diesel
Motorleistung: 50 PS
Hubraum: 2615 ccm

Max. Geschwindigkeit: 20 km/h

Gesamtgewicht: 4850 kg
Länge: 3910 mm
Breite: 1840 mm
Höhe: 1950mm

Ausstattung:
Hubkraft: 2,7 t
Max. Hubhöhe: 5900 mm
Max. Ausladung: 3300 mm
Gabel
Lasthaken

Zusatzgeräte:
Kehrmaschine
Schneeräumschild
Schüttgutschaufel
Personenkorb

## US Army Fire Department
## Nurnberg Post
## US Army Fire Department Furth

Standort:
Vermutlich William O. Darby Kaserne
1945–1959

## US Army Fire Department
## Monteith Barracks

Standort:
Vacher Straße
1945–1993

Mit dem Einzug der ersten 360 Mann in die neu entstandene Artilleriekaserne begann am 27. September 1890 die Militärgeschichte der Stadt Fürth als Garnisonsstadt.

1893 entstand, westlich an die bestehende Kaserne anschließend, eine Infanteriekaserne und 1907 folgte eine östliche Erweiterung mit einer Kaserne für eine Train-Abteilung (Versorgungseinheit).

Auf etwa 40 Hektar entstande in der Fürther Südstadt ein Komplex aus drei Kasernen, die zu dieser Zeit räumlich noch mit Zäunen abgegrenzt und nur durch Tore miteinander verbunden waren.

An der südlichen Schwabacher Straße entstand ein Artilleriedepot (Munitionsdepot), das kurz vor dem Ersten Weltkrieg zu einer Kaserne für das 3. Fußartillerie-Regiment ausgebaut wurde.

Im Ersten Weltkrieg diente das Pulverdepot und Teile des Kasernengeländes als Munitionsfabrik. In dieser Fabrik ereignete sich eine der größten Brandkatastrophen von Fürth. Durch eine heruntergefallene Munitionshülse entzündeten sich am Boden liegende Pulverreste. Binnen weniger Sekunden stand die gesamte Produktionshalle in Flammen und 54 Menschen verloren ihr Leben.

Infolge des Versailler Vertrags mussten nach dem Ersten Weltkrieg die militärischen Einheiten und Einrichtungen im ganzen Deutschen Reich verkleinert werden. Die Truppenstärke in Fürth verringerte sich von mehreren Tausend Mann auf nur noch 500. Teile der vorhandenen Kasernengebäude wurden durch die Landespolizei übernommen und nicht mehr benötigte Flächen verkauft. Ein Teil dieser Flächen übernahm 1932 Gustav Schickedanz und errichtete dort eine Villa und mehrere Lager- und Fertigungshallen.

Mit der Machtübernahme der Nationalsozialisten und der Aufkündigung des Versailler Vertrags stieg die Soldatenzahl wieder an. Die drei ehemaligen Kasernen (Infanterie, Artillerie und Versorgung) wurden zu einer Kaserne vereint und durch mehrere Neubauten weiter ausgebaut.

Die Kaserne (Fußartillerie) an der Äußeren Schwabacher Straße wurde zur Panzerkaserne um- bzw. ausgebaut.

Während des Zweiten Weltkrieges blieben die Fürther Militäranlagen weitgehend von Luftangriffen verschont.

Am 25. Juli 1945 wurden sämtliche Fürther Kasernen sowie der ehemalige Zivilflughafen FürthNürnberg in Atzenhof, der während des Zweiten Weltkrieges von der Luftwaffe genutzt wurde, von der US-Army übernommen.

In die ehemalige Wehrmachtskaserne zog das 26. Infanterie-Regiment der 1. US-Infanteriedivision. Die Kaserne wurde in „William O. Darby Kaserne“ unbenannt. Die ehemalige Panzerkaserne wurde in „Johnson Barracks“ umbenannt und vom 24th Engineer Battalion der 4. US Armored Division übernommen.

Der fast unbeschädigte Flughafen wurde zuerst in „Army Air Force Station Fuerth“ umbenannt, bevor er 1946 seinen eigentlichen Namen „Fuerth Air Base, Germany“ bekam. (1972 Furth Army Aierfield "FAA", ca. 1985 Rückbau der Startbahn und Umbau zum Army Heliport "AHP") Während der Nürnberger Prozesse wurde er zum Hauptflugplatz für alle Prozessbeteiligten.

Neben dem Munitionsdepot der Wehrmacht im Zennwald wurde auch der ehemalige Militärübungsplatz am Hainberg von der US-Army genutzt.

Der Standort Fürth wurde von den Amerikanern zu einem der größten Militärstützpunkte in Bayern ausgebaut. Zeitweise lebten über 15 000 Militärangehörige mit ihren Familien in Fürth. Für die Familienangehörigen entstand in der Südstadt ab den 1950er Jahren die Kalb-Housing Area und in Dambach eine Offizierssiedlung. Als Einkaufsmöglichkeit wurde mit der PX ein eigenes Einkaufszentrum errichtet, um das sich weiter Händler und verschiedene Fastfood-Ketten ansiedelten. Neben der High-School entstanden mehrere Grundschulen und Kindergärten.

Innerhalb der Verwaltungsstruktur der US-Army wurden die Kasernen und Einrichtungen in Fürth zuerst „Nuernberg-Fuerth Enclave", später „Nuernberg Post" und ab den 1970er Jahren, bis zur Auflösung in Jahr 1991, „Nuernberg Military Community" genannt.

Zur „Nuernberg Military Community" gehörten die Kasernen „Merrell Barracks" in Nürnberg, „Pinder Barracks" in Zirndorf, „Ferris Barracks" in Erlangen, „O'Brien Barracks" in Schwabach, „Herzo Base" in Herzogenaurach, „Feucht Army Airfield" in Feucht und das US-Army Hospital in Nürnberg.

Zur Sicherstellung des Brandschutzes errichtete die US-Army für die Kasernengelände und US-Einrichtungen nach dem Krieg eine eigene Feuerwehreinheit.

Bis auf die Feuerwache auf der „Fuerth Air Base, Germany", die den Brandschutz am Flughafen und späteren Hubschrauberstandort sicherstellte, konnten von einer US-Feuerwehreinheit Fürth nur wenige Bilder und zwei Zeitungsberichte gefunden werden. In einem Zeitungsbericht wird berichtet, dass die US-Feuerwehr gemeinsam mit der Fürther Feuerwehr mit Sirene durch die Stadt fuhr, um auf die „Fire Prevention Week", „Brandschutzwoche", aufmerksam zu machen. Wo sich der Standort bzw. die Feuerwache der Einheit befand, konnte trotz intensiver Recherche nicht geklärt werden. Sicher ist nur, dass es eine US-Feuerwache am Flughafen in Atzenhof gab.

Auf den vorhandenen Plänen der anderen US-Kasernen konnte kein Feuerwehrgebäude ausgemacht werden, was jedoch nicht bedeutet, dass es ausgeschlossen ist, dass auch die größte Kaserne (William O. Darby) in dieser Zeit über eine Feuerwache verfügte.

An anderen bayerischen US-Standorten bestanden bis 1959 ebenfalls US-Feuerwehren. Deutschland wurde in diesem Jahr nach dem NATO-Truppenstatus vollwertiges NATO-Mitglied.

Die USA war ab diesem Zeitpunkt nicht mehr Besatzungsmacht, sodass die US-Army viele hoheitliche Aufgaben an die Zivilbehörden abgab. Bis auf die US-Airfield Feuerwehren wurden die US-Feuerwehren aufgelöst. Dies ist auch in Fürth geschehen, da ab diesem Zeitpunkt keine US-Feuerwehr mehr erwähnt wurde.

Nach der Wiedervereinigung und dem Ende des Kalten Krieges wurde die US-Einheiten in Europa neu strukturiert. Dies führte dazu, dass sich die US-Army immer mehr aus Fürth zurückzog. 1992 wurde 16th Engineer Bataillon nach Bamberg verlegt und die „Johnson Barracks" geschlossen. 1993 verließ die 317th Maintenance Company die „Monteith Barracks" und holte am 15. September das Sternenbanner ein. 1994 begann die Verlegung der ersten US-Einheiten aus der „W. O. Darby Kaserne". Am 19. Dezember 1995 wurde in einem feierlichen Akt zum letzten Mal das Sternenbanner in Fürth eingeholt. Damit endete die 50-jährige US-Anwesenheit und die über 100-jährige Militärgeschichte von Fürth.

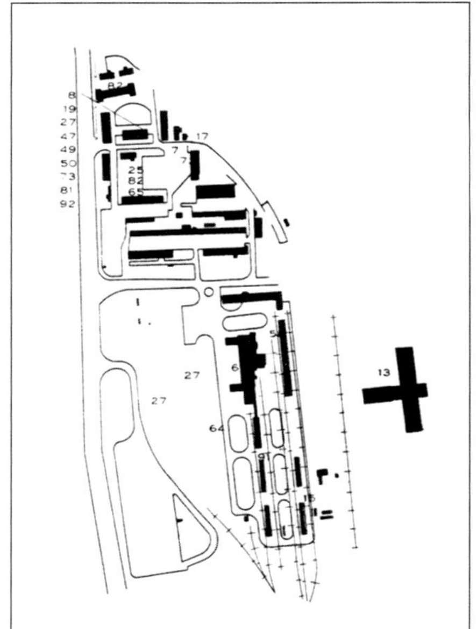

Johnson Barracks

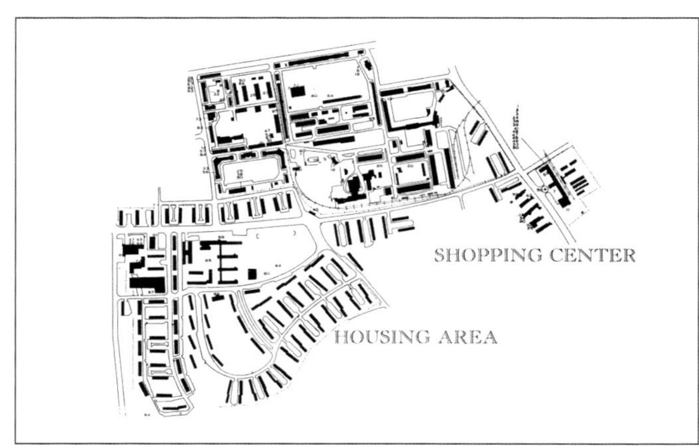


O'Darby Kaserne

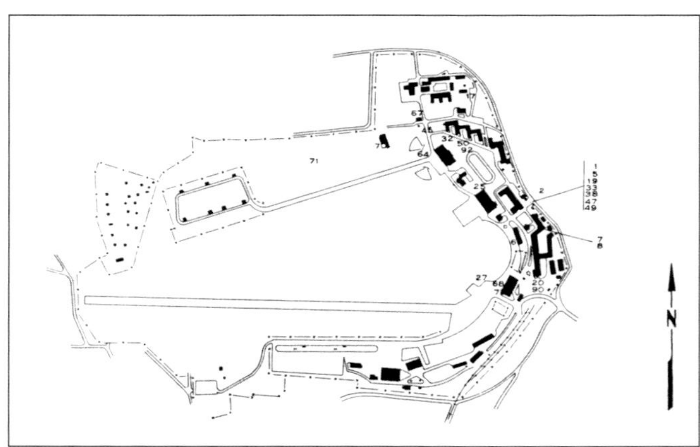

Monteith Barracks

HELFT FEUER VERHUTEN

Gemeinsame Übung der US-Army Feuerwehr mit der Berufsfeuerwehr Fürth (Mitte 1950er Jahre)

Übung der US-Army Feuerwehr am Stadttheater Fürth (Mitte 1950er Jahre)

6. November 1957: Monteith Barracks (8000 l Benzin in Brand)

## LF 20

Hersteller: Südwerke LF 45
(ehemals Krupp)
Baujahr: nicht bekannt

Aufbau: Metz

Motor: 4 Zyl. Reihe Diesel
Motorleistung: 180 PS
Hubraum: 4580 ccm

Gesamtgewicht: 8800 kg

Ausstattung:
Löschwassertank: 800 l
Schaummittel: 100 l
Pumpenleistung: 2000 l/min

## Firetruck Class 530 B

Hersteller: REO Motor Car Comp.
Lansing Michigan
Baujahr. nicht bekannt

Aufbau: Fire Master

Motor: 6 Zyl.
Motorleistung: 146 PS
Hubraum: 5430 ccm

Gesamtgewicht: 8700 kg

Ausstattung:
Löschwassertank: 400 gl
Schaummittel: 40 l
Pumpenleistung: 750 gal/min

Feuerwache Monteith Barracks (1968)

Ehemalige Feuerwache Anfang der 2000er Jahre

## Fliegerhorst Fürth-Atzenhof 1933–1945

Am 30 Dezember 1920 begann mit dem ersten Postflug die Luftfahrtgeschichte in der Region Fürth/Nürnberg. Nach den Statuten des Versailler Vertrags wurde die militärische Nutzung des Flughafen Atzenhof nach Ende des Ersten Weltkrieges verboten. Die Flugzeugwerft und der Flughafen wurden nur noch zivil genutzt. Mit der Verlegung des Ziviliflughafens nach Nürnberg und der Wiederaufrüstung wurde der Flughafen auf der Atzenhofer Heide ab 1933 von der Luftwaffe übernommen. Aus dieser Zeit (ca. 1937) stammen die ersten Bilder der Flughafen-Feuerwehr. Nach Ende des Zweiten Weltkrieges wurde der Flughafen von der US-Army genutzt (siehe Monteith Barraks).

Tankkraftspritze (links), Schlauchtender (Mitte) und LF 15 (rechts)

## Betriebsfeuerwehr Grundig (aufgelöst)

### TSF

Kennzeichen: FÜ-AD 943
Hersteller: Ford Transit 81 E-SA
Baujahr: 1968
a. Dienst: 1992

Aufbau: Bachert

Motor: 4 Zyl. Reihe
Motorleistung: 65 PS
Hubraum: 1699 ccm

Gesamtgewicht: 2980 kg
Länge: 3170 mm
Breite: 1725 mm
Höhe: 1510 mm

**Josef Klug**, geb. 1966, ist seit 1989 bei der Berufsfeuerwehr Nürnberg im Dienst Von der Nürnberger Presse wird er als Hobby-Historiker im Bereich des Nürnberger Feuerlöschwesens betitelt. Er verfasste Bücher über die Geschichte der Feuerwache Ost (2012), der Feuerlöschgerätefabrik Justus Christian Braun (2015), die Geschichte der Feuerwehr Nürnberg (2017), die Fahrzeuge der Feuerwehr Nürnberg (2019) und die Fahrzeuge der Nürnberger Werk- und Betriebsfeuerwehren (2021). Für dieses Werk übernahm er die Koordination aller Beteiligen, führte Recherchearbeiten durch und war für das Gesamtprojekt verantwortlich.

**Rainer Zech**, geb. 1956, Dipl.-Verwaltungswirt, beschäftigt sich bereits seit seiner frühen Jugend mit dem Thema Feuerwehr, zunächst im Bereich des Modellbaus, dann mit der Fahrzeugfotografie. Hierdurch entstanden viele Kontakte zur Feuerwehr Nürnberg. Es folgten Beiträge zum Thema Feuerwehr in verschiedenen Fachzeitschriften. Heute ist er unter anderem im Feuerwehrmuseum Nürnberg ehrenamtlich tätig.

**Bernd Franta**, geb. 1955 in Nürnberg, ist gelernter Fernmeldehandwerker, aber schon seit 1974 beim BRK Nürnberg als Rettungssanitäter, später als Rettungsassistent tätig. Diesem Umstand und der Freude am Modellbau ist es zuzuschreiben, dass eine engere Verbindung zur Nürnberger Feuerwehr entstanden ist. Diese wiederum brachte im Laufe der Zeit einige Fachbücher über die Nürnberger Feuerwehr von dem Autorenteam Kh. Oechsler (†) und B. Franta hervor. Die Verbindung zur Feuerwehr festigt sich bis heute u.a. durch den Förderverein Nürnberger Feuerwehrmuseum.

**Patrick Sturm**, geb. 1968, seit 1984 aktives Mitglied der Freiwilligen Feuerwehr Nürnberg Worzeldorf, beruflich im betrieblichen Brandschutz eines Nürnberger Unternehmens tätig. Er ist Gründungsmitglied des Förderverein Nürnberger Feuerwehr-Museum e.V. und hobbymäßiger Fotograf von Feuerwehrfahrzeugen.

## Danksagung

Unser Dank gilt allen Kameraden, die uns bei diesem Werk unterstützt haben.
Besonders bedanken möchten wir uns bei: Christian Gußner (Leiter der Berufsfeuerwehr Fürth), Markus Weier, Oliver Wittmann, Christine Stauber, Andreas Meyer und bei den Kommandanten und Verantwortlichen der Freiwilligen Feuerwehr Fürth.

## Bildnachweis

Seitenzahl; o = oben; m = Mitte; u = unten; al = alle Bilder einer Seite; r = rechts; l = links

Patrick Sturm
Foto / Archiv / Sammlung
Alle Armabzeichen, 6u, 7m, 8m, 8u, 9o, 9m, 12al, 13al, 14al, 27u, 28m, 28u, 32al, 33al, 34al, 35al, 36u, 38al, 39m, 39u, 40o, 41al, 42u, 43al, 47o, 48al, 50m, 50u, 52al, 53al, 54u, 55m, 55u, 56al, 58m, 58u, 60al, 64al, 66al, 69al, 70al, 71al, 72al, 73al, 74al, 81o, 84al, 98al, 99al, 103m, 103u, 104m, 104u, 105al, 110al, 111al, 119al, 124al, 125al, 126al, 128al, 129al, 131o, 131m, 132m, 134al, 136al, 141o, 141m, 142ol, 142ul, 143ol, 143m, 144al

Joachim Bruckner (†)
45al, 46al, 132u

Magirus (Archiv)
24al

Josef Klug
10al, 11u, 153o

Rainer Zech
Foto / Archiv / Sammlung
5, 6o, 6m, 7o, 7u, 8o, 9u, 20al, 21al, 22al, 23al, 25ur, 25ul, 26u, 27m, 28o, 29al, 30al, 37m, 40m, 40u, 42o, 42m, 49o, 51m, 51u, 54o, 54m, 55o, 57al, 58o, 59al, 67o, 75al, 78u, 86u, 90al, 91o, 91m, 95m, 104o, 114o, 116o, 117m, 117u, 132o, 135al, 137al, 138al, 139al, 140u, 141u, 142m, 143mr, 143ml, 143u, 153ur

Bernd Franta
Foto / Archiv / Sammlung
31al, 39o, 47m, 47u, 50o, 61al, 62u, 65al, 68al, 80al, 81m, 81u, 82o, 82m, 95o, 95u, 96o, 96m, 97m, 101al, 102al, 103o, 106al, 107al, 116m, 116u, 117o, 118al, 121al, 122o, 123o, 155al

Dieter Augustin (Sammlung)
44o

Oliver Wittmann
154al

Feuerwehr Fürth
Foto / Archiv / Sammlung
11o, 11m, 15al, 16l, 16r, 17al, 18al, 19al, 25o, 25ml, 25mr, 26o, 26m, 27o, 36o, 36m, 37o, 37u, 44u, 49m, 49u, 51o, 62o, 62m, 63al, 67m, 67u, 76al, 77al, 78o, 79al, 81u, 82u, 83al, 86o, 87al, 88al, 89al, 91u, 92al, 93, 94, 96u, 97o, 97u, 100al, 108, 109, 112al, 114m, 114u, 115al, 120al, 122u, 123u, 130al, 131u, 133al, 140ol, 140or, 140m, 142or, 142ul, 143or, 147, 148al, 149, 150, 151, 152al

Thomas Birkner
85al, 113al, 127al, 132u

Stefan Roth
58u

The Nuernberg Military Community
146al, 153ul, 153m

# Kleiner Auszug aus unserem Verlagsprogramm

374 Seiten, 850 Bilder, 28 x 21 cm
Festeinband, ISBN 9783861339403
EUR 49,90 Bestellnummer **940**

224 Seiten, 540 Bilder, 28 x 21 cm
Festeinband, ISBN 9783751610766
EUR 39,90 Bestellnummer **1076**

160 Seiten, 480 Bilder, 28 x 21 cm
Festeinband, ISBN 9783861339649
EUR 29,90 Bestellnummer **964**

240 Seiten, 600 Bilder, 28 x 21 cm
Festeinband, ISBN 9783751610292
EUR 39,90 Bestellnummer **1029**

128 Seiten, 380 Bilder, 28 x 21 cm
Festeinband, ISBN 9783861333481
EUR 19,90 Bestellnummer **348**

128 Seiten, 280 Bilder, 28 x 21 cm
Festeinband, ISBN 9783861334552
EUR 24,90 Bestellnummer **455**

180 Seiten, 550 Bilder, 28 x 21 cm
Festeinband, ISBN 9783861339083
EUR 29,90 Bestellnummer **908**

136 Seiten, 280 Bilder, 28 x 21 cm
Festeinband, ISBN 9783751610339
EUR 29,90 Bestellnummer **1033**

176 Seiten, 360 Bilder, 28 x 21 cm
Festeinband, ISBN 9783751610780
EUR 29,90 Bestellnummer **1078**

176 Seiten, 480 Bilder, 28 x 21 cm
Festeinband, ISBN 9783751610704
EUR 29,90 Bestellnummer **1070**

240 Seiten, 600 Bilder, 28 x 21 cm
Festeinband, ISBN 9783751610650
EUR 39,90 Bestellnummer **1065**

180 Seiten, 580 Bilder, 28 x 21 cm
Festeinband, ISBN 9783861338987
EUR 29,90 Bestellnummer **898**

Fordern Sie unseren Prospekt an mit Büchern über Autos, Motorräder, Lastwagen, Traktoren, Forstfahrzeuge, Lokomotiven, Baumaschinen, Feuerwehrfahrzeuge, Schwertransporte, Autokrane, Flugzeuge:

Verlag Podszun Motorbücher GmbH, Elisabethstraße 23-25, 59929 Brilon
Telefon: 02961-53213, Fax: 02961-9639900, Email: info@podszun-verlag.de, Webshop: www.podszun-verlag.de

144 Seiten, 280 Bilder, 28 x 21 cm
Festeinband, ISBN 9783861338383
EUR 29,90 Bestellnummer **838**

240 Seiten, 565 Bilder, 28 x 21 cm
Festeinband, ISBN 9783751610667
EUR 39,90 Bestellnummer **1066**

160 Seiten, 540 Bilder, 28 x 21 cm
Festeinband, ISBN 9783861339892
EUR 29,90 Bestellnummer **989**

240 Seiten, 770 Bilder, 28 x 21 cm
Festeinband, ISBN 9783751610285
EUR 29,90 Bestellnummer **1028**

224 Seiten, 660 Bilder, 28 x 21 cm
Festeinband, ISBN 9783751610315
EUR 39,90 Bestellnummer **1031**

220 Seiten, 550 Bilder, 28 x 21 cm
Festeinband, ISBN 9783861334569
EUR 39,90 Bestellnummer **456**

248 Seiten,1410 Bilder, 28 x 21 cm
Festeinband, ISBN 9783861333890
EUR 39,90 Bestellnummer **389**

198 Seiten, 645 Bilder, 28 x 21 cm
Festeinband, ISBN 9783861338543
EUR 34,90 Bestellnummer **854**

240 Seiten, 600 Bilder, 28 x 21 cm
Festeinband, ISBN 99783751610711
EUR 39,90 Bestellnummer **1071**

240 Seiten, 610 Bilder, 28 x 21 cm
Festeinband, ISBN 9783751610728
EUR 39,90 Bestellnummer **1072**

240 Seiten, 595 Bilder, 28 x 21 cm
Festeinband, ISBN 9783751610735
EUR 39,90 Bestellnummer **1073**

240 Seiten, 610 Bilder, 28 x 21 cm
Festeinband, ISBN 9783751610742
EUR 39,90 Bestellnummer **1074**